HÉRÉDITÉ

HÉRÉDITÉ

COMMENT INFLUER SUR VOS GÈNES

SHARON MOALEM

AVEC LA COLLABORATION DE MATTHEW D. LAPLANTE

Guy Trédaniel éditeur
19, rue Saint-Séverin
75005 Paris

Titre original : Inheritance

Traduit de l'anglais par Élisa Guenon

ISBN : 978-2-8132-0983-2
www.editions-tredaniel.com
info@guytredaniel.fr
www.facebook.com/editions.tredaniel

Pour Shira.

SOMMAIRE

INTRODUCTION

UNE RÉVOLUTION IMMINENTE

Vous souvenez-vous de votre année de sixième ? Vous rappelez-vous le visage de vos camarades ? le nom de vos professeurs, celui du principal ? le bruit de la sonnerie ? l'odeur de la cantine les jours de hachis Parmentier ? la douleur de votre premier amour contrarié ? la panique de se retrouver seul aux toilettes avec le petit dur du collège ?

Peut-être est-ce encore parfaitement clair. Ou peut-être vos années de collège se sont-elles progressivement estompées dans la brume des souvenirs d'enfance…

Quoi qu'il en soit, vous portez en vous tous ces souvenirs.

Depuis longtemps déjà, on sait que les expériences passées nous accompagnent tout au long de la vie. Même celles dont on ne se souvient pas restent là, quelque part au fond de l'esprit, prêtes à refaire surface pour le meilleur ou pour le pire, et toujours au moment où l'on s'y attend le moins.

Mais c'est encore bien plus complexe, car le corps se transforme et se régénère en permanence, et même les expériences les plus anodines – de la bagarre au coup de foudre, en passant par le hachis Parmentier – y laissent une marque indélébile.

Bien sûr, ce n'est pas ainsi qu'on présente d'ordinaire les trois milliards de lettres qui composent notre patrimoine génétique. Depuis la redécouverte du travail de Gregor Mendel – dont l'étude sur la transmission des caractères héréditaires du petit pois a posé les bases de la génétique dès le milieu du XIXe siècle* –, il est généralement admis que nous sommes le résultat prévisible des gènes transmis par les générations précédentes : un peu de maman, un peu de papa, mélangez bien, et vous voilà !

C'est cette vision figée de l'hérédité que l'on enseigne encore au collège, lorsque les élèves sont invités à dresser leur arbre généalogique pour expliquer la couleur de leurs yeux ou de leurs cheveux, leur capacité à enrouler la langue ou les poils éventuellement présents sur leurs doigts. La leçon est alors assénée comme s'il s'agissait d'une vérité gravée dans le marbre : puisque notre bagage génétique est déterminé dès la conception, il serait impossible de choisir ce que l'on reçoit et ce que l'on donne. C'est pourtant faux, car en ce moment même, que vous soyez en train de boire un café en terrasse, affalé dans un fauteuil à la maison, en train de pédaler sur un vélo d'appartement ou en orbite autour de la Terre, votre ADN évolue. On pourrait comparer ce dernier à un ensemble formé de milliers de petits interrupteurs : certains s'allument pendant que d'autres s'éteignent, selon ce que vous faites, ce que vous voyez ou ressentez.

Le processus dépend donc du mode de vie, de l'endroit où l'on habite, du stress auquel on est confronté et de ce que l'on consomme.

Or tous ces facteurs peuvent être changés, ce qui signifie à n'en pas douter qu'il est possible d'influer sur son propre héritage génétique**.

---

* Les 8 février et 8 mars 1865, Gregor Mendel expose son travail devant la société d'histoire naturelle de Brünn (actuellement Brno, en République tchèque). Il publie le résultat de ses recherches l'année suivante dans les *Comptes rendus de la société d'histoire naturelle de Brünn*, mais il faudra attendre 1901 pour que son article soit traduit en anglais.

** Je fais ici référence à tout ce qui peut influer sur l'expression ou la répression des gènes, des mutations acquises aux plus infimes modifications épigénétiques.

Évidemment, la vie est en partie déterminée par les gènes dont on a hérité. Nous sommes d'ailleurs en train de découvrir que le bagage génétique – chaque « lettre », ou nucléotide, formant le génome – joue un rôle que même l'auteur de science-fiction le plus inventif n'aurait pu imaginer il y a seulement quelques années de cela.

Jour après jour, nous développons les outils et les connaissances nécessaires pour embarquer dans une nouvelle aventure génétique – pour reconsidérer les choses au regard de nos vies et comprendre comment reprendre la barre, comment modifier notre existence et celle de notre descendance. De découverte en découverte, nous commençons à mieux comprendre l'influence qu'exercent les gènes sur la vie et, inversement, celle de la vie sur les gènes. Or cette idée – celle d'un patrimoine flexible – change tout.

Elle révolutionne notre point de vue sur l'alimentation et l'exercice physique, sur la psychologie, les liens de parenté, les traitements médicamenteux, l'éducation, les lois, les droits, les vieux dogmes et les croyances les plus fermement ancrées…

Absolument tout.

Même notre façon d'envisager la mort. Jusqu'à présent, nous partions généralement du principe qu'une expérience de vie se terminait avec le dernier souffle. C'est également faux : nous sommes le produit de notre expérience de vie, mais aussi de celle de nos parents et de tous nos ancêtres, car nos gènes sont loin d'avoir la mémoire courte.

Guerre, paix, abondance, famine, diaspora, maladie… Si nos aïeux y ont survécu, alors nous en avons hérité. Et si c'est le cas, alors il y a de fortes chances pour que nous le transmettions aux générations suivantes.

Ce peut être une plus grande propension au cancer, à la maladie d'Alzheimer ou à l'obésité, mais aussi à la longévité, au sang-froid, et même au bonheur.

Pour le meilleur ou pour le pire, nous découvrons aujourd'hui qu'il est possible d'accepter ou de rejeter notre héritage.

C'est le sujet de ce livre. J'y parlerai des outils que j'emploie, en tant que médecin et scientifique, pour appliquer à ma pratique quotidienne les dernières avancées en génétique. Je vous présenterai certains de mes patients. J'explorerai le paysage clinique en donnant quelques exemples des recherches auxquelles j'ai participé. Je parlerai d'art et d'Histoire. Je parlerai de superhéros, d'athlètes de haut niveau et de travailleurs du sexe. J'établirai des liens qui changeront votre vision du monde – et aussi le regard que vous portez sur vous-même.

Je vais vous inviter à marcher sur une corde raide entre le connu et l'inconnu. Cela peut donner le vertige, bien sûr, mais le jeu en vaut la chandelle, ne serait-ce que pour la vue, qui est inoubliable.

Ma vision des choses n'est pas conventionnelle, c'est vrai, mais si j'ai pu faire des découvertes révolutionnaires dans des domaines variés, c'est grâce à cette approche qui consiste à utiliser les maladies génétiques comme un moyen de comprendre la biologie humaine. J'ai ainsi pu mettre au point un vaccin contre le staphylocoque doré (baptisé « Siderocillin »), ainsi que vingt brevets sur des innovations biotechnologiques visant à améliorer notre santé.

J'ai aussi eu la chance de collaborer avec certains des meilleurs médecins et chercheurs au monde, et j'ai eu connaissance de problèmes génétiques parmi les plus rares et les plus complexes. Au fil des ans, je suis entré dans la vie de centaines de personnes, et celles-ci m'ont confié ce qu'elles ont de plus cher, à savoir leurs enfants.

Vous l'avez compris, je prends ma tâche au sérieux.

Cela ne veut pas dire que ce livre sera triste et austère. Il est vrai que certaines histoires sont bouleversantes, que certains concepts remettent en question nos convictions profondes, et que d'autres sont même franchement effrayants.

Mais si vous acceptez de vous ouvrir à ce monde fascinant, vous pourrez envisager votre vie sous un nouveau jour, lui donner une nouvelle direction et peut-être comprendre comment, d'un point de vue génétique, vous en êtes arrivé là où vous en êtes aujourd'hui.

Je peux vous assurer qu'après avoir refermé ce livre, vous ne verrez plus jamais de la même manière votre génome et la vie qui a contribué à le former.

Alors, si vous êtes prêt à changer radicalement votre vision de la génétique, je me propose d'être votre guide dans ce voyage qui vous fera voyager à travers l'espace et le temps – du passé commun de l'humanité à son futur plein de promesses et d'embûches, en passant par un présent qui regorge d'histoires étonnantes.

Ce faisant, vous allez entrer dans mon univers, découvrir ma propre vision de l'hérédité. Je commencerai par vous expliquer comment je raisonne. Et une fois que vous aurez compris ce qui se passe dans la tête d'un généticien, vous serez prêt pour l'aventure à laquelle je vous convie.

Laissez-moi vous dire qu'elle est passionnante. L'époque qui s'ouvre devant nous sera riche en découvertes. D'où venons-nous ? Où allons-nous ? De quoi avons-nous hérité et que laisserons-nous aux générations futures ? Toutes ces questions restent ouvertes.

Elles concernent notre avenir immédiat et inexorable.

Elles concernent notre *héritage*.

CHAPITRE 1

DANS LA TÊTE D'UN GÉNÉTICIEN

Depuis quelque temps, on voit les restaurants de New York s'engouffrer dans la brèche des « menus santé » – sans gluten, végétariens, assortis de tous les labels possibles et imaginables. Les cartes s'ornent d'astérisques et de notes interminables. Les serveurs deviennent experts en appellations d'origine et certificats de commerce équitable, alliage de saveurs, lipides divers et variés, omégas déroutants qui sont bons pour ceci et mauvais pour cela…

Jeff[1], lui, n'a rien changé à sa carte. Fort de sa solide formation et parfaitement conscient des goûts toujours changeants de la clientèle new-yorkaise, le jeune chef n'avait rien contre l'idée de manger sain – seulement, l'idée de cuisiner des plats « bons pour la santé » n'entrait pas dans ses priorités. Alors, pendant que tout le monde s'essayait au *freekeh* et aux graines de *chia*, Jeff en est resté à ses plats alléchants et généreux, jamais avares de viande, pommes de terre, fromages et autres mets aussi délicieux que mauvais pour les artères.

Votre mère vous a sûrement dit qu'il était bon de mettre en application ses propres principes. La mère de Jeff, elle, lui avait toujours conseillé de manger ce qu'il cuisinait – ce qu'il a fait très consciencieusement, et sans jamais lésiner sur les quantités.

Mais quand ses tests sanguins ont révélé un taux anormalement élevé de cholestérol lié aux lipoprotéines de basse densité – celui qu'on appelle communément « mauvais cholestérol » (ou cholestérol LDL) et qui augmente les risques de problèmes cardiaques –, Jeff a dû remettre en question ses habitudes culinaires. Et quand son médecin a découvert ses antécédents familiaux en matière de troubles cardio-vasculaires, celui-ci s'est montré catégorique : il fallait se dépêcher. À défaut d'un changement radical de régime, impliquant en particulier une augmentation importante de ses rations de fruits et légumes, il se verrait contraint de suivre un traitement médicamenteux.

Le médecin n'avait eu aucun mal à établir son diagnostic : c'est le même pour tous les patients présentant un tel taux de LDL doublé d'antécédents familiaux.

Jeff s'est d'abord montré réticent. Surnommé « le steak » dans le milieu de la restauration en référence à ses habitudes culinaires, il craignait de voir sa réputation ternie par cette conversion forcée au végétal. Mais il s'est finalement laissé convaincre par une jeune fiancée désireuse de finir ses jours avec lui, et a donc ouvert un nouveau chapitre de sa vie en intégrant fruits et légumes à son menu quotidien. Cela signifiait dissimuler ceux qu'il n'aimait pas, un peu comme les parents qui ajoutent en douce des courgettes dans les muffins du goûter des enfants. Grâce à son savoir-faire et à son don pour les réductions, Jeff a d'abord inclus les fruits et les légumes dans les glaçages et les sauces accompagnant ses fameux filets de bœuf. Puis il est vite passé à l'étape supérieure en respectant scrupuleusement les conseils de son médecin : moins de viande, nettement plus de fruits et légumes, et des repas raisonnables.

Ce régime « sain » a produit l'effet escompté, le taux de cholestérol a baissé, et, au bout de trois longues années, notre jeune homme pensait avoir réglé ses problèmes de santé. Il était fier d'avoir réussi à garder le contrôle sur son alimentation – une véritable prouesse pour bon nombre de personnes.

Logiquement, il aurait dû être au meilleur de sa forme. Pourtant, il devait bien admettre qu'il se sentait plutôt mal – ballonné, nauséeux, fatigué. Le premier examen a suggéré qu'il s'agissait d'un léger dysfonctionnement hépatique ; s'en est suivi une échographie abdominale, puis une IRM, et enfin une biopsie du foie, qui a révélé un cancer.

Tout le monde était étonné – surtout son médecin –, car Jeff n'était ni alcoolique ni atteint de l'hépatite B ou C (qui augmentent les risques de cancer du foie), et n'avait pas non plus été exposé à des produits toxiques. Rien ne pouvait expliquer l'apparition d'un cancer chez un sujet si jeune et relativement bien portant. Tout ce qu'il avait fait, c'était changer son régime en suivant les conseils de son médecin. Jeff n'arrivait pas à y croire.

Pour la plupart des gens, le fructose est simplement ce qui donne aux fruits leur délicieuse saveur sucrée. Mais ceux qui, comme Jeff, sont atteints d'une maladie génétique rare appelée « intolérance héréditaire au fructose » (IHF) ne peuvent pas décomposer totalement le fructose* (à cause d'un déficit en fructose-1-phosphate aldolase B), ce qui entraîne peu à peu une accumulation de métabolites toxiques à l'intérieur du corps – et en particulier dans le foie. Pour ces personnes, les pommes ne sont donc pas bonnes pour la santé, mais bien mortelles.

Heureusement, le cancer de Jeff a été diagnostiqué assez tôt pour ne pas lui être fatal, et, grâce à son nouveau

* Le fructose n'est pas seul en cause : il y a aussi le sucrose et le sorbitol (qui sont transformés en fructose dans l'organisme), ce dernier se trouvant par exemple dans des produits tels que les chewing-gums « sans sucre ».

changement de régime (le bon, cette fois-ci !), il pourra encore longtemps ravir les palais délicats de New York.

Tous les individus atteints d'intolérance héréditaire au fructose n'ont pas sa chance. Nombreux sont ceux qui se plaignent à longueur de temps des mêmes nausées et ballonnements que Jeff pendant son premier régime. La plupart du temps, malheureusement, personne ne les prend au sérieux, pas même leur médecin.

Du moins pas avant qu'il ne soit trop tard.

Nombre d'entre eux développent une répulsion marquée pour le fructose à un moment ou à un autre de leur vie. Par cette mesure de protection innée, ils apprennent peu à peu à éviter les aliments contenant ce type de glucide. Mais quand ils n'écoutent pas les messages de leur corps – ou pire encore, quand les conseils des médecins sont à l'opposé de leurs besoins –, ils risquent de mourir prématurément d'un cancer ou d'une insuffisance organique.

Heureusement, les choses changent – elles changent même à toute allure.

Si personne, pas même un milliardaire, ne pouvait percer les mystères de son patrimoine génétique en l'an 2000, le séquençage de l'exome ou du génome entier (précieuse cartographie des millions de lettres/nucléotides composant l'ADN) coûte aujourd'hui moins cher qu'un écran de télévision haut de gamme[2]. Les prix ne cessent de baisser et nous assistons à un véritable déferlement de données génétiques jusqu'alors totalement inconnues.

Si vous vous demandez ce que peuvent bien nous apprendre toutes ces lettres, je vous dirais pour commencer qu'elles contiennent des informations qui auraient permis de proposer à Jeff un régime adapté : des informations utiles à chacun pour choisir quels aliments privilégier et lesquels éviter. Connaître ce legs unique hérité de tous nos ancêtres, c'est s'offrir le moyen de choisir en connaissance de cause quoi manger et, comme nous le verrons plus tard, quel genre de vie mener.

Cela ne veut pas dire que le médecin de Jeff a mal fait son travail – du moins, pas dans le sens où l'entend la médecine traditionnelle. Depuis le temps d'Hippocrate, les praticiens établissent leurs diagnostics en se fondant sur ce qu'ils ont déjà observé chez d'autres patients. Plus récemment, le concept a été élargi de façon à inclure des études complexes qui aident à comprendre quels remèdes fonctionnent le mieux sur le plus grand nombre de personnes, jusque dans les plus minutieux détails statistiques.

Et c'est très bien comme ça, du moins pour la plupart des gens, la plupart du temps*.

Mais Jeff n'est pas comme tout le monde, il ne l'a jamais été. Vous non plus, d'ailleurs, puisque chaque individu est unique.

Il y a maintenant plus de dix ans que le premier génome humain a été séquencé. Depuis, bien d'autres ont été décryptés, et il est devenu évident que personne – je dis bien personne – n'est parfaitement « normal ». Dans l'un des programmes de recherche auxquels j'ai récemment participé, il est apparu que les gens considérés comme « sains » (qu'on étudiait pour créer une base de référence génétique) présentaient *toujours* une variation dans l'ordonnancement de leurs gènes. Ces variations offrent souvent des informations utiles d'un point de vue médical – du moins quand on sait à quoi elles correspondent et ce qu'il faut faire pour y remédier**.

Toutes les variations génétiques n'ont pas un impact aussi grave que celle de Jeff, évidemment, mais cela ne

* Nous en discuterons plus en détail dans le chapitre 6.

** Lorsque les conséquences cliniques de ces variations sont mal connues, on parle de « variants de signification inconnue ».

signifie pas pour autant qu'il faut ignorer ces différences – surtout maintenant que nous disposons des outils nécessaires pour les voir, les évaluer et intervenir de façon de plus en plus personnalisée.

Cependant, tous les médecins n'ont pas la formation et les outils requis pour mettre en œuvre ces avancées. Ce n'est pas leur faute, mais de nombreux praticiens, et donc leurs patients, sont laissés à l'écart de ces découvertes scientifiques majeures qui révolutionnent la médecine.

Ce qui complique encore les choses, c'est qu'une bonne compréhension de la génétique n'est même pas suffisante. Les médecins d'aujourd'hui doivent aussi se frotter à l'épigénétique – science qui étudie comment nos caractères génétiques évoluent au cours de la vie, puis se transmettent aux générations futures.

On peut donner comme exemple un phénomène appelé « empreinte génétique parentale », où le parent dont provient le gène (le père ou la mère) importerait plus que le gène lui-même. Les syndromes de Prader-Willi et d'Angelman l'illustrent très bien. Ces pathologies n'ont apparemment rien à voir. Mais en creusant un peu jusqu'au niveau des gènes, on se rend compte que la même variation est en jeu, et que le sujet développera l'une ou l'autre de ces maladies selon qu'il a reçu le gène défectueux de son père ou de sa mère.

Dans un monde qui a longtemps érigé en dogme les lois binaires et simplistes définies par Mendel au milieu du XIXe siècle, bon nombre de médecins ne se sentent pas prêts à prendre le train en marche de la génétique du XXIe siècle, qui laisse sur le bas-côté la charrette en bois de Mendel.

La médecine va rattraper son retard, comme elle l'a toujours fait. Mais avant que ce jour n'arrive (et même après, pour être franc), mieux vaut s'armer soi-même de toutes les informations disponibles.

Je vais donc faire pour vous ce que j'ai fait pour Jeff lors de notre première rencontre : procéder à un petit examen.

J'ai toujours pensé que le meilleur moyen d'apprendre quelque chose était de mettre les mains à la pâte.

Alors, retroussons nos manches, et allons-y.

Je suis sérieux, retroussez vos manches. Ne vous inquiétez pas, je ne vais pas vous planter une aiguille dans le bras pour prélever du sang, ce n'est pas ce qui m'intéresse. Les patients s'imaginent souvent que c'est là que je veux en venir, mais ils se trompent. Je souhaite simplement observer votre bras, sentir la texture de la peau, voir comment le coude se plie. J'aimerais faire courir mon doigt le long de votre poignet et contempler les lignes de vos mains.

C'est ainsi et pas autrement – sans salive, ni sang, ni cheveu – que débutera votre premier examen génétique. Et il nous en apprendra déjà beaucoup.

Les gens ont tendance à penser qu'un médecin qui s'intéresse aux gènes commencera par un examen de l'ADN. Mais si les cytogénéticiens s'intéressent effectivement à l'agencement physique du génome et observent au microscope l'ADN des patients, ils se contentent généralement de vérifier si tous les chromosomes sont bien là, entiers et dans le bon ordre.

Bien que les chromosomes soient petits – quelques millioniémes de mètre –, il est tout de même possible de les observer. On peut même voir si l'une de leurs parties est manquante, dupliquée ou inversée. Mais qu'en est-il des gènes – de ces minuscules séquences d'ADN qui contribuent à faire de nous ce que nous sommes ? Même avec un grossissement extrêmement élevé, l'ADN ressemble à un ruban enroulé – un peu comme le bolduc d'un cadeau d'anniversaire joliment emballé.

Il existe des procédés pour percer les mystères qu'il renferme. En général, on chauffe les brins d'ADN pour les séparer, puis on utilise une enzyme pour les dupliquer et les couper avant d'ajouter des produits chimiques qui les rendront visibles. Ce qui apparaît alors est une image du patient qui peut se révéler bien plus éloquente que n'importe quelle photo, radio ou IRM. C'est un point important : ces procédés qui permettent de scruter les profondeurs de l'ADN tiennent une place essentielle dans la médecine.

Pour l'instant, toutefois, ce n'est pas ce qui nous intéresse. Car si l'on sait quoi chercher – une petite ligne horizontale sur le lobe de l'oreille, une courbure particulière du sourcil –, il est possible d'établir un diagnostic rapide en reliant ces traits physiques aux anomalies héréditaires ou congénitales auxquelles ils sont associés.

Voilà pourquoi je commence tout simplement par regarder mes patients.

Si vous voulez vous voir avec mes yeux de spécialiste, prenez un miroir ou passez à la salle de bains, et contemplez votre beau visage. Vous le connaissez plutôt bien, c'est du moins ce que vous croyez, alors c'est par lui que l'examen va commencer.

Est-il symétrique ? Vos yeux sont-ils de la même couleur ? Sont-ils enfoncés ? Avez-vous les lèvres fines ou charnues ? Avez-vous le front large ? les tempes étroites ? le nez proéminent ? le menton particulièrement petit ?

Observez maintenant l'espace entre vos yeux. Y a-t-il assez de place pour y placer un œil imaginaire ? Si oui, vous présentez peut-être une caractéristique anatomique appelée « hypertélorisme orbital ».

Pas de panique. Les patients s'alarment facilement quand les médecins identifient des affections ou des traits physiques particuliers, notamment quand ils portent des noms en « -isme ». Il n'y a pourtant pas lieu de s'inquiéter si vos yeux sont légèrement plus écartés que la moyenne. À vrai dire, vous êtes même en très belle compagnie. Jackie Kennedy et Michelle Pfeiffer sont parmi les célébrités qui sortent du lot grâce à cette particularité.

L'hypertélorisme léger fait partie des traits physiques qui nous attirent inconsciemment. Des chercheurs en psychologie sociale ont en effet démontré que les hommes et les femmes avaient tendance à considérer comme plus belles les personnes dotées de ce trait[3]. D'ailleurs, c'est clairement l'un des attributs recherchés par les agences de mannequin, et ce, depuis plusieurs décennies[4].

Reste à expliquer pourquoi l'hypertélorisme orbital léger est associé à la beauté ; c'est ce que je vais faire en m'aidant d'un certain Louis Vuitton.

Son nom vous est sûrement familier, ne serait-ce que pour ses fameux sacs. Il est le fondateur d'un véritable empire qui est aujourd'hui l'une des premières marques de luxe au monde. Mais quand le jeune Louis débarque à Paris, en 1837, ses ambitions sont nettement plus modestes. À 16 ans, il est employé par des voyageurs fortunés pour préparer leurs bagages alors qu'il travaille comme apprenti chez un fabricant de malles de voyage – le genre d'objets robustes, souvent couverts d'autocollants, que vous avez peut-être aperçus dans le grenier de vos grands-parents[5].

Si vous estimez qu'on maltraite vos bagages dans les aéroports, sachez qu'ils sont pris avec des pincettes comparé à ce qu'on leur infligeait il y a un siècle. Du temps des voyages en bateau, quand on ne pouvait pas se procurer n'importe où une nouvelle valise à un prix abordable, il fallait des bagages résistant à toute épreuve. Avant Vuitton, les malles étaient rarement imperméables, leur couvercle présentait donc une forme bombée de façon à éviter que l'eau ne stagne, ce qui avait pour effet de compliquer leur stockage et de les fragiliser. L'une des bonnes idées de

Louis Vuitton a donc été de remplacer le cuir par de la toile enduite imperméable, permettant ainsi l'introduction de malles aux couvercles plats dans lesquelles les effets seraient conservés au sec – ce qui tenait de la prouesse étant donné les conditions de transport de l'époque.

Mais Louis Vuitton avait encore un souci : comment faire pour que les clients, peu au fait des difficultés et des coûts liés à la fabrication de ses malles, soient sûrs d'acheter un bagage de qualité ? Si cela ne posait pas de problème à Paris, où le bouche-à-oreille suffisait, développer l'entreprise hors de la capitale était une tout autre affaire.

Pour compliquer encore les choses, il faisait face à un problème dont lui et ses successeurs ne viendraient jamais à bout, à savoir les imitations. Quand ses concurrents se sont mis à copier ses malles sans offrir la même qualité, Georges Vuitton, le fils de Louis, a donc inventé le fameux monogramme « LV », l'une des premières marques déposées en France.

De cette façon, se disait-il, les clients pourraient savoir au premier coup d'œil qu'ils achetaient un bon produit. Le monogramme allait ainsi devenir synonyme de qualité.

Pour ce qui est de la « qualité biologique », on ne naît pas avec un logo sur le front. Alors, au cours de son évolution, l'espèce humaine a développé d'autres moyens permettant d'évaluer grossièrement les individus et de deviner au premier coup d'œil toutes les informations nécessaires, à savoir les liens de parenté, l'état de santé et la compatibilité parentale.

Au-delà des ressemblances faciales indiquant les liens du sang (« C'est le portrait craché de son père ! »), on s'intéresse rarement aux origines du visage. L'histoire de sa formation est pourtant passionnante. Durant le ballet embryologique qui se joue *in utero*, chaque faux pas dans le développement y laisse sa marque. La formation faciale débute dès la quatrième semaine de gestation, à partir de cinq bourgeons (imaginez des boules d'argile à modeler) qui vont peu à peu se développer et se réunir pour créer une surface continue. Lorsque ces zones ne fusionnent pas correctement, il reste un espace ouvert, une fente qui, selon l'endroit où elle se trouve, donnera une fossette, un bec-de-lièvre ou un palais fendu.

Ces fentes sont plus ou moins graves. Parfois, ce ne sera rien de plus qu'une petite fossette au menton (c'est le cas, par exemple, des acteurs Ben Affleck, Cary Grant et Jessica Simpson) ou sur le nez (voyez Steven Spielberg ou Gérard Depardieu). Mais d'autres fois, quand la peau ne se referme pas, la fente expose le muscle, les tissus et l'os à l'air libre, ce qui accroît les risques d'infection.

Les figures humaines sont si variées qu'elles constituent notre première marque de fabrique biologique. Comme le monogramme de Louis Vuitton, le visage en dit long sur nos gènes et sur la qualité du travail génétique qui a présidé à notre développement. L'être humain a appris à lire ces signes avant même de savoir ce qu'ils signifiaient vraiment, car ils permettent, en un coup d'œil, d'évaluer, de classer et de créer des liens avec les gens qui nous entourent. L'importance accordée aux visages n'est donc pas seulement superficielle : que cela nous plaise ou non, ils divulguent l'histoire de nos gènes et de notre développement, et révèlent également l'état de notre cerveau.

Le visage peut en effet indiquer si le cerveau s'est développé normalement. Dans le jeu génétique qui consiste à évaluer les gens, chaque millimètre compte. Cela pourrait expliquer pourquoi, dans de nombreuses cultures, les yeux légèrement plus écartés que la moyenne sont considérés comme particulièrement séduisants. L'espacement des yeux est associé à plus de quatre cents conditions génétiques.

Dans les cas d'holoprosencéphalie, par exemple, les deux hémisphères du cerveau ne se sont pas correctement formés. Or, les gens victimes de cette pathologie, qui sont davantage sujets à l'épilepsie et au handicap mental, présentent une tendance à l'hypotélorisme orbital (les yeux étant alors particulièrement rapprochés). L'hypotélorisme est par ailleurs associé à l'anémie de Fanconi, maladie relativement commune chez les Juifs ashkénazes et les Sud-Africains blancs[6], qui entraîne peu à peu une insuffisance médullaire et prédispose au cancer.

L'hypertélorisme et l'hypotélorisme sont donc les marques d'un développement qui est le résultat conjoint du patrimoine génétique et de l'environnement physique, mais il y a évidemment bien d'autres indices à chercher.

Reprenez donc votre miroir. Les coins externes de vos yeux sont-ils plus bas que les coins internes ? Ou peut-être plus hauts ? L'espace qui sépare les paupières inférieures et supérieures est appelé fente palpébrale. Quand son coin externe est surélevé, on la qualifie de « mongoloïde ». Normale chez la plupart des gens d'origine asiatique, elle peut être chez les autres le signe de la trisomie 21.

Si la fente est légèrement orientée vers le bas (antimongoloïde), c'est parfois anodin mais cela peut aussi signaler la présence du syndrome de Marfan, pathologie des tissus conjonctifs dont était notamment atteint l'acteur Vincent Schiavelli, qui joue Fredrickson dans *Vol au-dessus d'un nid de coucou* et Mr. Vargas dans *Ça chauffe au lycée Ridgemont*. Pour les responsables de castings, Schiavelli était « l'homme au regard triste ». Pour les spécialistes, en revanche, ce type d'yeux, associé à d'autres signes tels que les pieds plats et une petite mâchoire inférieure, indique une pathologie génétique qui, si elle n'est pas traitée, peut provoquer des problèmes cardiaques et réduire l'espérance de vie.

Une autre anomalie, moins invalidante mais qui transparaît également dans les yeux, est l'*heterochromia iridis*, où les iris n'ont pas la même couleur. Cette caractéristique anatomique (on parle communément d'« yeux vairons ») est souvent due à une migration irrégulière des mélanocytes, cellules qui produisent la mélanine. Cela vous fera peut-être penser à David Bowie, car on a fait grand cas de ses yeux étonnamment différents. Pourtant, en les regardant de près, on remarque que ses iris sont en fait de la même couleur, mais qu'une pupille est totalement dilatée – il se trouve que c'est la séquelle d'une bagarre pour une fille au lycée…

On compte parmi les vrais membres du club des yeux vairons Mila Kunis, Kate Bosworth, Demi Moore et Dan Aykroyd. Toutefois, même si vous connaissez bien ces acteurs, il est possible que vous n'ayez jamais remarqué leur point commun, l'hétérochromie se manifestant souvent de façon subtile.

Sans doute certaines personnes de votre entourage ont-elles les yeux vairons sans que vous le sachiez. En général, on s'attarde peu sur les yeux de nos amis et connaissances.

Il y en a quelques-uns, bien sûr, qui restent à jamais gravés dans notre mémoire. Mais, hormis ceux des êtres chers, on ne se souvient en général que des yeux d'un bleu remarquable, brillants comme des aigues-marines parfaitement taillées, qui sont le beau résultat d'un échec complet des cellules pigmentaires à aller là où on les attendait durant le développement fœtal.

Quand ces yeux bleus s'accompagnent d'une mèche de cheveux blancs devant le front, je pense immédiatement au syndrome de Waardenburg. Si vous avez une mèche de cheveux dépigmentés, des yeux vairons ou bleus clairs, la racine du nez large et des problèmes d'audition, alors vous êtes probablement concerné.

Parmi les différentes manifestations de ce syndrome, le plus commun est le type 1. Celui-ci est dû à une variation du gène PAX3, lequel joue un rôle crucial dans la migration des cellules hors de la moelle épinière.

Étudier l'action de ce gène chez les gens atteints du syndrome de Waardenburg nous aidera sans doute à mieux comprendre d'autres pathologies bien plus courantes. Il semblerait par exemple que le gène PAX3 soit également impliqué dans l'apparition du mélanome, le plus dangereux cancer de la peau. Cet exemple montre bien comment les maladies génétiques rares révèlent le fonctionnement caché du corps humain[7].

Passons maintenant aux cils. Détail sans importance pour certains, tout un secteur de l'industrie cosmétique leur est néanmoins dédié. Ceux qui rêvent de cils plus fournis peuvent ainsi essayer les extensions, et même appliquer un traitement appelé Latisse® destiné à les rendre plus longs et plus foncés.

Mais avant de faire quoi que ce soit avec vos cils, je voudrais que vous les regardiez de près. Si certains sont placés en dehors de la rangée, ou s'ils forment plusieurs rangées, alors vous avez ce qu'on appelle un « distichiasis ». Vous aussi, vous êtes en belle compagnie, Elizabeth Taylor n'est qu'un exemple parmi d'autres des célébrités présentant cette particularité. Il est intéressant de noter que le fait d'avoir plus d'une rangée de cils fait partie d'un syndrome, appelé « lymphœdème-distichiasis », qui est associé à une mutation du gène FOXC2.

Le lymphœdème est le résultat d'un drainage insuffisant des fluides (ce qui arrive par exemple après un long voyage en avion, quand les pieds ne rentrent plus dans les chaussures). Dans ce syndrome, le phénomène est particulièrement prononcé au niveau des jambes.

Cependant, les gens dotés d'une rangée de cils surnuméraire ne sont pas tous sujets aux gonflements, ce qu'on ne sait pas encore bien expliquer. Il est d'ailleurs possible que l'un de vos proches ou vous-même présentiez ce trait sans l'avoir remarqué jusque-là.

On ne sait jamais ce qu'on va découvrir quand on se met à regarder les gens sous cet angle. C'est précisément ce qui m'est arrivé l'année dernière en dînant avec ma femme. J'avais toujours pensé que c'était le mascara qui lui donnait ses cils joliment fournis, mais je me trompais : mon épouse a en fait un distichiasis.

Bien qu'elle ne présente aucun des autres symptômes associés au lymphœdème-distichiasis, je n'en revenais pas de constater qu'il m'avait fallu cinq ans de mariage pour m'en rendre compte. Cela donne un tour génétique au fait de trouver de nouvelles qualités à sa femme après plusieurs années de vie commune. Je n'aurais jamais cru pouvoir passer à côté d'une rangée de cils supplémentaire !

Tout cela pour montrer que nos visages sont de vastes paysages génétiques inexplorés. Il s'agit simplement d'apprendre à les regarder.

Peut-être avez-vous identifié au moins un trait anatomique de votre visage associé à une pathologie génétique. Il y a cependant de fortes chances pour que vous ne soyez pas atteint. À vrai dire, chacun est d'une façon ou d'une autre « anormal », il est donc rare de pouvoir établir un lien entre une seule caractéristique physique et l'anomalie associée. Mais analysées une à une et combinées entre elles, ces caractéristiques (l'espacement des yeux et leur inclinaison, la forme du nez, le nombre de rangées de cils) fournissent une masse considérable d'informations. Ces données visibles à l'œil nu permettent d'établir un diagnostic génétique sans passer par un examen du génome. Évidemment, la confirmation d'une suspicion clinique se fait la plupart du temps à l'aide d'un test génétique, mais à défaut des pistes fournies par ces indices anatomiques, passer au peigne fin le génome entier d'un individu reviendrait à chercher sur une plage un seul grain de sable défectueux : c'est une entreprise pour le moins ambitieuse et très onéreuse.

En un mot, mieux vaut savoir ce que l'on cherche.

Récemment invité chez des amis de ma femme, je n'ai pas pu m'empêcher de dévisager notre hôtesse que je rencontrais pour la première fois.

Susan était petite, elle avait les yeux écartés – juste assez pour le remarquer –, la racine du nez tout juste un peu plus aplatie que la moyenne et le bord du « vermillon supérieur » (jargon médical décrivant la lèvre du haut) bien marqué.

Pendant que ses cheveux dansaient sur ses épaules, je n'avais qu'une idée en tête : jeter un coup d'œil à sa nuque. Je tendais donc le cou aussi discrètement que possible pour tenter d'apercevoir l'objet de mon intérêt, tout en faisant semblant de contempler un poster des *Quatre Cents Coups*.

Ma femme, qui a vite remarqué mon petit manège, m'a pris à part dans le couloir.

— Tu es encore en train de chercher quelque chose, c'est ça ? m'a-t-elle demandé avant d'ajouter : si tu n'arrêtes pas de regarder Susan, les gens vont s'imaginer des choses.

— Mais je ne peux pas m'en empêcher. Tu te rappelles l'autre fois, pour tes cils ? Parfois, je n'arrive pas à faire autrement. Et puis, c'est sérieux, je crois que Susan a le syndrome de Noonan.

Ma femme a levé les yeux au ciel, elle savait trop bien ce qui allait se passer : je serais insupportable pendant le reste de la soirée, trop occupé à réfléchir aux possibilités diagnostiques que laissait supposer l'apparence physique de Susan.

À n'en pas douter, les bonnes manières s'oublient vite une fois qu'on a appris à observer les gens. Il devient même quasiment impossible de s'en abstenir. Vous savez sans doute que la plupart des médecins s'estiment moralement obligés de porter secours à ceux qui en ont besoin – lors d'un accident, par exemple, avant l'arrivée de l'ambulance. Mais que faire quand on a été formé pour déceler des maladies graves, voire mortelles, là où personne ne voit rien d'anormal ?

Je faisais face à un dilemme moral. L'hôtesse et les convives n'étaient pas mes patients, je n'avais pas été invité pour repérer chez eux d'éventuelles pathologies héréditaires ou congénitales. Je venais tout juste de rencontrer cette femme. Comment aborder le sujet ? Comment ne pas exprimer maladroitement mes pensées, à savoir que son apparence physique particulière (ses yeux, son nez, ses lèvres, et peut-être une autre marque de fabrique au niveau du cou, appelée « cou palmé ») suggérait la présence d'une maladie génétique. En plus des conséquences possibles sur une éventuelle progéniture, le syndrome de Noonan peut entraîner des malformations cardiaques, des difficultés d'apprentissage, des problèmes de coagulation sanguine et d'autres symptômes pénibles.

Il fait partie des maladies non apparentes, car les traits physiques associés n'ont rien d'extraordinaire. Assez souvent, les gens ne savent donc même pas qu'ils en sont atteints. Je me voyais mal m'avancer vers elle pour lui dire : « Merci de nous avoir invités. Le tempeh était délicieux. Et, au fait, savez-vous que vous avez une affection autosomique dominante potentiellement mortelle ? »

J'ai donc préféré lui demander si elle avait des photos de mariage à me montrer. Je voulais m'assurer qu'elle était bien atteinte du syndrome de Noonan, qui est généralement transmis par l'un des deux parent lui-même affecté.

Après le second album photo et une dizaine d'images de la mariée avec sa mère, j'étais certain qu'elles partageaient de nombreux traits physiques communs. Il s'agissait donc bien d'un cas de Noonan.

— C'est incroyable ce que vous ressemblez à votre mère, ai-je commencé, avec l'espoir que ce serait un moyen délicat d'aborder le sujet.

— Oui, on me le dit souvent, répondit-elle avant d'ajouter : votre femme m'a un peu parlé de ce que vous faites…

À cet instant, je n'étais vraiment pas sûr de la tournure qu'allait prendre la conversation. Mais par bonheur, Susan est venue à mon secours :

— Ma mère et moi sommes atteintes d'une maladie génétique. C'est le syndrome de Noonan, vous en avez entendu parler ?

Susan était donc déjà au courant, même si peu de gens le savaient dans son entourage. Les autres invités, qui la connaissaient depuis bien plus longtemps que moi, étaient étonnés de me voir établir un diagnostic à partir de légères différences physiques qu'ils avaient à peine remarquées.

À vrai dire, inutile d'être médecin pour y parvenir. Tout le monde le fait. Cela vous est par exemple arrivé la dernière fois que vous avez croisé un trisomique. Peut-être était-ce inconscient, mais vous avez alors établi un rapide diagnostic génétique : fente palpébrale mongoloïde, bras et doigts courts (brachydactylie), oreilles implantées bas, racine du nez aplatie. Au cours votre vie, vous avez vu suffisamment de cas de trisomie pour pouvoir analyser machinalement ces traits physiques et en arriver à une conclusion médicale[8].

Vous en êtes d'ailleurs capable pour des milliers d'autres pathologies. Et plus on progresse dans ce domaine, plus il devient difficile de ne pas le faire. Je comprends parfaitement ma femme, c'est agaçant et cela peut même gâcher des dîners, mais c'est néanmoins essentiel parce que l'apparence physique d'une personne représente parfois sa seule chance de déceler une maladie héréditaire ou congénitale. C'est peut-être difficile à croire, mais, comme nous allons maintenant le voir, il y a des cas où il n'existe tout simplement pas d'autres tests fiables.

Revenons à votre visage pour examiner l'espace entre le nez et la lèvre supérieure. Deux lignes verticales délimitent ce qu'on appelle le « philtrum ». À cet endroit, au tout début du développement, plusieurs tissus migrent et se rejoignent, pareils à des plateaux continentaux qui se rencontrent pour former une chaîne de montagnes.

Sans doute vous rappelez-vous le rapprochement que j'avais fait entre le monogramme Louis Vuitton et le visage, révélateur de notre qualité génétique et de notre vie intra-utérine. Eh bien, si vous avez du mal à percevoir les lignes de votre philtrum, si la zone est plutôt lisse, si vos yeux sont un peu plus petits ou écartés que la moyenne et, enfin, si votre nez est retroussé, alors il est possible que votre mère ait bu de l'alcool pendant sa grossesse, créant ainsi les conditions parfaites pour l'apparition de troubles liés à l'alcoolisation fœtale. On a tendance à grincer des dents en entendant ces mots, car on s'imagine souvent un ensemble de pathologies aux effets dévastateurs. C'est parfois le cas. Mais cela peut aussi s'exprimer de façon légère, à travers quelques traits physiques qui ne portent pas à conséquence. Malgré les étonnantes avancées de la médecine et de la génétique durant les dernières décennies, il n'existe toujours pas de test courant pour détecter ces troubles hormis l'inspection visuelle à laquelle vous venez de procéder[9].

Ce qui nous amène à votre main. Maintenant que vous savez à quel point certains traits physiques et leur combinaison sont révélateurs de la constitution génétique d'un individu, vous devriez être capable de la regarder comme je le ferais. Observez votre paume. Combien de lignes profondes y a-t-il ? Pour ma part, j'ai une grande ligne courbe qui entoure la base du pouce et deux lignes horizontales sous les doigts.

N'avoir qu'une seule ligne horizontale est un trait associé à l'exposition prénatale à l'alcool et à la trisomie 21. Mais ne vous inquiétez pas si c'est votre cas : environ 10 % de la population présente cette anomalie sur au moins une main sans montrer nul autre signe de maladie génétique.

Passons maintenant aux doigts. Sont-ils excessivement longs ? Si c'est le cas, vous présentez peut-être une arachnodactylie*, trait qui peut être associé au syndrome de Marfan et à d'autres troubles génétiques.

D'ailleurs, pendant que nous y sommes, vos doigts sont-ils effilés ? Le lit unguéal (où se trouvent les ongles) est-il profondément enfoncé ? Et vos petits doigts ? Sont-ils droits ou incurvés vers les autres doigts de la main ? S'ils dessinent une courbe marquée, vous avez sans doute une clinodactylie. Elle est associée à plus de soixante syndromes, mais peut également être isolée et totalement bénigne.

N'oublions pas vos pouces. Sont-ils larges ? Ressemblent-ils à vos gros orteils ? Si oui, c'est ce qu'on appelle une « brachydactylie de type D », et vous faites partie du même club que l'actrice Megan Fox. (Mais ce n'est pas en regardant la publicité Motorola du Super Bowl 2010 que vous auriez pu l'apprendre, les réalisateurs ayant employé une doublure pour le pouce[10].) C'est également un symptôme de la maladie de Hirschsprung, laquelle affecte le bon fonctionnement de l'intestin.

* On parle communément de « doigts d'araignée ».

Pour la suite de l'examen, peut-être aurez-vous besoin d'un peu plus d'intimité. Si vous lisez ce livre à la maison ou dans un endroit où vous êtes à l'aise, retirez vos chaussures et vos chaussettes, puis écartez délicatement vos deuxième et troisième orteils. S'il y a de la peau entre eux, alors vous êtes probablement porteur d'une variation sur le bras long du chromosome 2 associée à ce qu'on appelle la « syndactylie de type 1[11] ».

Au tout début du développement intra-utérin, les mains humaines ressemblent à des gants de baseball. Puis la palmure disparaît quand les gènes ordonnent le départ des cellules de peau présentes entre les doigts et les orteils.

Parfois, cependant, elles refusent de partir. Sur les mains et les pieds, ce n'est pas la fin du monde. Une intervention chirurgicale suffit en général à régler les rares cas de syndactylie invalidante, et de plus en plus de gens font preuve de créativité en utilisant le tatouage ou le piercing pour attirer l'attention sur ces petits bouts d'épiderme que les autres n'ont pas.

Si votre enfant présente cette particularité mais n'est pas assez grand pour le *body art*, vous pouvez toujours lui dire que cela fera de lui un bon nageur. C'est vrai des canards, par exemple, qui utilisent leurs pattes palmées pour garder l'équilibre, barboter et se propulser dans l'eau à toute allure afin d'aller chercher de quoi se nourrir.

Comment gardent-ils leurs pattes palmées ? Le tissu cellulaire présent entre leurs doigts survit grâce à l'expression d'une protéine appelée « Gremlin », laquelle se comporte un peu comme un conseiller en intervention d'urgence chargé de convaincre les cellules de ne pas s'autodétruire – contrairement à ce qu'elles font chez les humains et la plupart des autres oiseaux. Sans Gremlin, les canards auraient donc sans doute des pattes semblables à celles des poules – ce qui est bien sûr moins pratique pour évoluer dans l'eau…

Bien, terminons par quelques petits exercices : pouvez-vous toucher votre poignet avec le pouce ? Pouvez-vous étirer le petit doigt à plus de 90° ? Si oui, vous êtes peut-être atteint d'un ensemble d'affections génétiques courant mais sous-diagnostiqué appelé « syndrome de Ehlers-Danlos ». Dans ce cas, vous aurez sans doute besoin d'un médicament appelé « antagoniste des récepteurs de l'angiotensine II », qui est actuellement en cours d'essai clinique et sert à éviter la dissection, voire la rupture, de l'aorte. Aussi incroyable que cela puisse paraître, une simple observation des mains suffit à déceler des risques accrus de complications cardio-vasculaires.

Voilà donc comment certains médecins, dont je fais partie, utilisent la génétique dans leur pratique quotidienne. Bien sûr, nous employons parfois des outils très sophistiqués pour explorer le génome, et il nous arrive de veiller tard le soir pour étudier les séquences génétiques sur une base de données en ligne, tels des programmeurs tentant de déboguer un logiciel complexe. Mais bien souvent, une combinaison de techniques rudimentaires suffit à établir un diagnostic, ou parfois un mélange des deux, en partant d'indices simples avant de procéder à une analyse high-tech pour comprendre ce qui se passe au niveau le plus petit et le plus profond du corps.

Vous voulez savoir comment cela se passe concrètement ? En fait, avant même de poser les yeux sur un patient, je dispose en général d'une feuille de renseignements remplie par un autre médecin. Les bons jours, j'ai droit à une lettre détaillée expliquant pourquoi il souhaite que j'examine son patient et quels sont les problèmes spécifiques qu'il pourrait avoir. Les suppositions sont parfois judicieuses, et parfois pas du tout.

La plupart du temps, je dois me contenter d'une note expéditive employant des termes vagues comme « retard du développement». D'autres fois, j'ai droit à des messages tels qu'« hirsutisme » ou « taches pigmentées le long des lignes de Blaschko ». Eh oui, si l'écriture notoirement illisible des médecins ne pose plus de problème depuis l'arrivée des ordinateurs, il semble que notre goût pour l'emploi d'un langage ésotérique et complexe n'ait rien perdu de sa vigueur...

Évidemment, cela pourrait être pire : il fut un temps où certains médecins osaient noter sur la fiche du patient des indications du genre « F. L. K. » (pour *funny-looking kid*, « drôle d'enfant »), abréviation médicale qui signifiait en gros : « Je ne sais pas ce qui ne va pas, mais il y a visiblement un problème. » Dans une large mesure, ces initiales ont été remplacées par le terme plus respectueux, scientifique et précis de « dysmorphique ». Il n'en demeure pas moins que la description reste vague.

Quoi qu'il en soit, quelques mots suffisent pour qu'une foule d'idées se bousculent dans ma tête. Avant même de voir un patient décrit comme « dysmorphique », je passe en revue toutes les possibilités et note mentalement les questions sur le patient et sa famille que je ne dois pas oublier de poser. J'examine les quelques indices dont je dispose. Le nom donne parfois une idée de l'origine ethnique, facteur important dans de nombreuses maladies génétiques. Comme certaines cultures ont une longue tradition de mariages intrafamiliaux, les noms peuvent aussi mettre la puce à l'oreille pour ce qui est de la consanguinité[12]. L'âge m'indique à quelle étape de développement se trouve le patient, et le service d'où provient la note me donne une idée des symptômes les plus évidents ou problématiques.

Voilà pour l'étape n° 1.

L'étape n° 2 commence à l'instant où j'entre dans la salle d'examen. Vous avez sans doute déjà entendu dire que les employeurs, lorsqu'ils font passer un entretien d'embauche, obtiennent pendant les premières secondes une masse considérable d'informations sur le candidat. Eh bien, c'est exactement la même chose pour les médecins. Presque immédiatement, je décompose le visage de mon patient un peu comme vous l'avez fait devant votre miroir. Je regarde ses yeux, son nez, son philtrum, sa bouche, son menton et d'autres marques éventuelles, puis je réorganise le tout, je rassemble les pièces du puzzle. Avant de lui demander quoi que ce soit, j'essaie donc de déterminer en quoi il est différent.

La dysmorphologie est un domaine d'étude relativement récent qui utilise le visage, les mains, les pieds et le reste du corps pour obtenir des renseignements sur le patrimoine génétique d'un individu. Les adeptes de ce courant essaient d'identifier les signes physiques susceptibles de révéler la présence d'une anomalie héréditaire ou congénitale, ce qui n'est pas sans rappeler le travail des experts chargés d'établir l'authenticité d'une toile ou d'une sculpture à l'aide de connaissances et d'outils spécifiques[13].

La dysmorphologie est le premier outil que j'utilise lorsque je rencontre de nouveaux patients. Mais, bien sûr, je ne m'arrête pas là. Avant de clore le rendez-vous, j'ai beaucoup de questions à poser.

C'est ce qui fait de moi un médecin un peu différent des autres. Nombre de praticiens ne s'intéressent qu'à une partie du corps – le cardiologue ne jure que par le cœur, l'allergologue étudie nos réactions aux pollens, aux polluants environnementaux ou autres poisons personnels, l'orthopédiste prend soin des os les plus importants et le podologue s'occupe de nos pieds.

En tant que spécialiste de la génétique, mon approche est bien plus globale. Je cherche partout, dans toutes les courbes, toutes les fentes, toutes les meurtrissures et tous les secrets. Le noyau de nos cellules renferme quantité d'informations sur nous-mêmes, ce que nous avons fait et ce qui nous attend. Certains signes sont plus difficiles à décrypter que d'autres, évidemment, mais tout est là, déjà présent.

Il suffit de savoir *où* et *comment* regarder.

CHAPITRE 2

QUAND UN GÈNE FAIT DES SIENNES

Ce que les supermarchés Costco, la marque Apple et un donneur de sperme danois nous apprennent de l'expression génétique

Dans le monde moderne de la génétique classique, Ralph est le petit pois de Mendel.

Le prodigieux donneur de sperme danois a longtemps été un fournisseur convoité. Ses éléments génétiques de base étaient censés produire, une fois couplés avec le matériel génétique des futures mères, un nombre relativement prévisible d'enfants blonds et bien bâtis.

Pendant un temps, tout le monde semblait vouloir sa part du gâteau.

À 500 couronnes danoises l'échantillon (soit environ 70 euros), bon nombre de jeunes gens qui répondent aux critères (caractéristiques physiques et intellectuelles recherchées assorties d'un sperme riche en spermatozoïdes) se tournent vers le don de sperme pour arrondir leurs fins de mois. L'ouverture d'esprit et le physique de Viking de sa population ont ainsi fait du Danemark l'un des premiers exportateurs de semence humaine au monde[1].

Pourtant, même au regard des normes scandinaves, Ralph était un donneur particulièrement prolifique.

Étant donné les risques d'union involontaire entre un frère et une sœur qui se rencontreraient par hasard, les donneurs comme Ralph étaient supposés arrêter les dons après avoir engendré 25 enfants. Mais personne, apparemment, ne s'était soucié de trouver comment savoir si la limite était atteinte. Et même quand Ralph a décidé d'arrêter de donner son sperme, certains parents potentiels résolument désireux d'acquérir ses gènes sont partis en quête de ses paillettes congelées sur les groupes de discussion du Net.

Notre homme connu par la plupart de ses receveurs comme le « donneur 7 042 », qui figurait dans son dossier sous les traits d'un adorable bambin assis sur un tricycle et vêtu d'un ensemble Adidas rouge, allait finalement devenir le père biologique d'au moins 43 enfants.

Mais il s'est avéré que Ralph n'avait pas seulement semé ses bonnes graines nordiques. Sans le savoir, il avait aussi répandu dans le monde une graine pernicieuse : un gène qui provoque un développement excessif des tissus corporels, avec parfois des conséquences gênantes, voire handicapantes, comme d'énormes poches de peau distendue, des difformités faciales sévères, ou des excroissances qui ressemblent à des furoncles et peuvent recouvrir tout le corps. Cette maladie qui produit des tumeurs, appelée « neurofibromatose de type 1 » (NF1), peut également entraîner des troubles de l'apprentissage, la cécité et des crises d'épilepsie.

L'histoire du donneur 7 042 et de sa malheureuse progéniture a attiré l'attention du public, conduisant à une rapide révision des lois danoises fixant le nombre d'enfants maximum par donneur de sperme[2]. Pour certaines familles, c'était bien sûr insuffisant… et surtout trop tard.

L'ADN avait été transmis. Les bébés étaient nés, les gènes hérités. Les principes établis au milieu du XIXe siècle par Gregor Mendel[3], le père de la génétique moderne, étaient toujours bien vivants en ce début de XXIe siècle, mais plutôt mal en point.

Pourquoi la progéniture de Ralph était-elle donc atteinte d'une maladie dont lui-même semblait ne pas souffrir ?

En réalité, Gregor Mendel ne s'intéressait pas tellement aux petits pois, du moins pas au départ. L'idée initiale du jeune moine à l'esprit curieux était d'étudier les souris.

Il a fallu l'intervention d'un vieil homme austère, Anton Ernst Schaffgotsch, pour réorienter Mendel, et, ce faisant, l'histoire de la médecine.

À l'époque, la meilleure chose à faire pour un religieux porté sur l'art ou les sciences était d'entrer dans l'humble monastère Saint-Thomas, à Brünn, l'actuelle ville tchèque de Brno.

Saint-Thomas était connu depuis longtemps pour abriter un groupe de moines sans scrupules. Ils remplissaient bien évidemment leur responsabilité première dévolue au Seigneur mais, dans l'enceinte des murs croulants de l'abbaye, ils avaient également développé une culture collégiale de recherche. Il n'y avait pas seulement les prières, mais aussi les mathématiques, pas seulement la méditation, mais aussi la philosophie, la musique, l'art, la poésie et enfin, bien sûr, les sciences.

Aujourd'hui encore, leurs découvertes collectives, leurs visions pénétrantes et leurs débats agités auraient de quoi donner des ulcères à certains dirigeants religieux. Mais sous le long règne autoritaire du pape Pie IX, c'était carrément sacrilège. Et cela ne faisait pas rire l'évêque Schaffgotsch.

Si celui-ci avait jusque-là toléré ces activités, c'était surtout, comme le précise Mendel dans son journal, qu'il n'y comprenait pas grand-chose.

Mais le travail de Mendel sur la reproduction des souris était assez clair pour que Schaffgotsch imposât son veto. Le jeune moine dépassait les bornes. Tout d'abord, il y avait la puanteur. Les rongeurs, placés en cage dans sa grande chambre au sol de pierre, dégageaient une odeur nauséabonde que l'évêque jugeait impropre à la vie rangée d'un moine augustin.

Et puis il y avait le sexe.

Mendel avait fait vœu de chasteté, comme tous les moines, mais semblait obsédé par l'accouplement de ces petites créatures poilues.

Pour Schaffgotsch, c'était tout bonnement inadmissible.

L'austère évêque ordonna donc au jeune moine indiscret la fermeture de son « bordel à souris ». Si Mendel s'intéressait bien, comme il le prétendait, à la transmission des caractères d'une génération à l'autre, alors il lui faudrait trouver quelque chose de plus convenable.

Quelque chose comme les petits pois.

Comme de bien entendu, Mendel s'en amusa : ce que l'évêque semblait ne pas comprendre, écrit le moine avec malice, c'est que « les plantes ont elles aussi une sexualité ».

Durant les huit années qui suivirent, Mendel étudia donc près de 30 000 plants de petits pois en notant consciencieusement ses observations. Il découvrit ainsi que certains caractères – la taille de la tige ou la couleur de la cosse, par exemple – suivaient un schéma de reproduction particulier d'une génération à l'autre. En montrant que les gènes allaient par deux et qu'un trait spécifique apparaissait si l'un d'eux dominait ou si deux gènes récessifs étaient réunis, ses découvertes posèrent les bases de la génétique.

Impossible de savoir ce qui aurait eu lieu si Mendel avait poursuivi son travail sur les souris. En étudiant ces créatures au comportement nettement plus complexe, il serait peut-être passé à côté de ce qu'il découvrit en cherchant à produire des petits pois constamment lisses, verts et dotés de longues tiges. Mais si on lui avait permis d'observer plus longtemps les ébats des souris, il aurait aussi bien pu trouver quelque chose d'encore plus révolutionnaire, quelque chose que ses successeurs allaient mettre plus d'un siècle à comprendre… Quoi qu'il en soit, ses conclusions, publiées dans une revue obscure intitulée *Compte rendus de la Société d'histoire naturelle de Brünn*, furent accueillies dans l'indifférence générale. Et quand son travail fut redécouvert, au tournant du XXe siècle, Mendel était déjà enterré depuis belle lurette au cimetière central de la ville.

Comme bon nombre de visionnaires, il ne fut pas reconnu de son vivant mais plus tard, d'abord avec l'identification des chromosomes et des gènes, puis avec la découverte et le séquençage de l'ADN. À chaque nouvelle étape, la même idée fondamentale perdurait : ce que nous sommes est le fruit prévisible des gènes transmis par les générations précédentes.

Mendel baptisa « hérédité[4] » les lois qu'il découvrit. Elles allaient finalement dessiner notre conception du patrimoine génétique en tant qu'instructions binaires passant d'une génération à l'autre – comme un vieil objet de famille dont on ne veut pas toujours, mais qu'on ne peut jeter… ou comme le triste legs de Ralph.

Mais, alors, pourquoi Ralph ne suivait-il pas la loi des petits pois ? Pourquoi ne montrait-il aucun signe de pathologie, alors que bon nombre de ses enfants en étaient visiblement atteints ?

La maladie génétique qui coule dans les veines de Ralph suit un mode de transmission autosomique dominant. Cela signifie qu'il suffit d'un gène avec la mutation pour être atteint. Dans ce cas, le risque de le transmettre à son enfant est en général de un sur deux. Selon l'interprétation classique des lois de Mendel, celui qui a le malheur de recevoir un gène muté obéissant à ce mode de transmission devrait logiquement développer la maladie.

C'est probablement ce que vous avez appris à l'école, où l'étude des arbres généalogiques laissait croire qu'on avait tout compris à la microscopique magie moléculaire qui fait de chaque individu ce qu'il est. Bien sûr, cela s'est un peu compliqué avec le temps, mais tout restait basé sur l'idée, qui allait bientôt devenir un dogme, que les gènes vont par deux et que le gène dominant se manifeste. Des yeux marron à l'aptitude à rouler la langue, des poils sur les doigts aux lobes d'oreille détachés, tout était vu comme le résultat de gènes dominants prenant le dessus. De la même façon, on pensait que le couplage de deux gènes récessifs produisait des caractères moins probables, comme les yeux bleus ou le pouce qui se plie à l'envers à 90°.

Mais, si l'hérédité fonctionne bien de la sorte, comment expliquer que Ralph – et tous les gens qui l'ont vu dans les cliniques où il a donné son sperme – aient pu ignorer qu'il était atteint de cette maladie grave ?

En fait, malgré tous ses apports à la science, Mendel est passé à côté d'un phénomène capital : la variabilité d'expression des gènes*.

Comme bien d'autres maladies héréditaires, la neurofibromatose de type 1 peut prendre toutes sortes de formes et s'exprime parfois de façon si légère qu'elle est indécelable. Voilà pourquoi personne, et manifestement pas même Ralph, n'avait pu deviner le terrible secret.

Sa maladie est donc restée cachée à cause de la variabilité d'expression des gènes. Ce phénomène explique aussi pourquoi une même mutation peut avoir des effets radicalement différents selon les individus, le gène ne se

* La variabilité d'expression des gènes influe sur le degré ou l'étendue de l'affection provoquée par une mutation ou une maladie génétique.

comportant pas de la même manière y compris dans le cas où l'ADN est parfaitement identique.

Prenons les frères Adam et Neil Pearson, jumeaux monozygotes (« vrais jumeaux ») qui ont donc théoriquement le même génome. Tous deux présentent la mutation génétique responsable de la neurofibromatose de type 1. Pourtant, nous avons d'un côté Adam, dont le visage est tellement défiguré qu'un patron de boîte de nuit éméché a un jour tenté de le lui arracher en le prenant pour un masque, et de l'autre Neil, qui a des faux airs de Tom Cruise mais est sujet à des pertes de mémoire et à des crises d'épilepsie[5].

Un même gène, deux expressions totalement opposées. Tous les signes physiques dont j'ai parlé plus haut ? Ils ne sont en fait que des expressions courantes, généralement révélatrices de certaines conditions génétiques mais qui n'englobent sûrement pas *toutes* les expressions possibles.

Ce qui nous amène à la question suivante : pourquoi une telle différence d'expression ? Parce que nos gènes ne réagissent pas de façon binaire. Comme nous le verrons bientôt, et contrairement à ce que pensait Mendel, l'héritage génétique n'est pas gravé dans le marbre. Si nous avons d'abord envisagé le patrimoine génétique sous le prisme noir et blanc des apports de Mendel, nous commençons aujourd'hui à découvrir toutes les nuances de l'expressivité génétique.

Voilà pourquoi la profession médicale fait face à un nouveau défi. Les gens se tournent vers nous pour obtenir des réponses claires qui entrent dans des catégories bien distinctes – bénin ou malin, curable ou fatal. La difficulté, quand on aborde le terrain de la génétique avec eux, tient au fait que ce qu'on croyait savoir est en fait moins statique et binaire qu'on ne le pensait. Or, les patients ont besoin de ces informations pour prendre certaines des plus importantes décisions de leur vie. Il est donc essentiel que nous sachions leur expliquer tout cela, leur faire comprendre que le comportement et le mode de vie déterminent en partie le destin génétique.

C'est la raison pour laquelle je veux vous parler de Kevin.

Il avait une vingtaine d'années. Il était grand, en bonne santé, charmant, intelligent. Si j'avais connu une jeune femme en quête d'un bon parti – et si cela n'avait pas été une violation flagrante de l'éthique médicale –, j'aurais bien volontiers joué l'entremetteur.

Peut-être était-ce parce que nous avions à peu près le même âge, à peu près le même milieu d'origine, ou parce que nous étions tous deux impliqués dans le domaine de la santé – médecine orientale pour lui, occidentale pour moi. Une chose est sûre, nous avions des affinités.

J'ai rencontré Kevin alors qu'il venait de perdre sa mère suite à un long combat contre des tumeurs neuroendocrines métastatiques du pancréas. Avant sa mort, un oncologue bien avisé avait suggéré de lui faire passer un test génétique, lequel avait révélé une mutation sur le gène VHL suppresseur de tumeurs.

La maladie de von Hippel-Lindau (VHL) prédispose aux cancers, notamment ceux du cerveau, des yeux, de l'oreille interne, du rein et du pancréas. Selon certains chercheurs, la fameuse vendetta qui a opposé les familles Hatfield et McCoy au XIXe siècle est en partie due à cette pathologie. De nombreux descendants de la famille McCoy souffrent en effet de tumeurs de la glande surrénale, lesquelles peuvent donner mauvais caractère[6]. Bien sûr, toutes les victimes de la maladie ne manifesteront pas ce genre de symptôme, c'est là un autre exemple de la variabilité d'expression.

Le gène qui provoque la maladie de VHL se transmet selon un mode autosomique dominant, comme le gène muté de Ralph responsable de la NF1. Il suffit donc d'un gène défectueux pour être atteint. Pour Kevin, le risque d'avoir hérité du gène muté de sa mère était donc d'un sur deux, suffisamment pour le convaincre de passer le test, qui s'est révélé positif.

Il n'existe pas de traitement contre la maladie de VHL, mais une fois que nous savons qu'un patient est atteint, nous pouvons accroître la surveillance des tumeurs avant qu'elles ne deviennent symptomatiques. Je pensais que ce serait le cas pour Kevin, d'autant que la plupart des gens qui héritent d'un gène VHL muté peuvent compter sur l'autre gène pour prévenir la croissance cellulaire et la formation de tumeurs malignes, tout au moins au début.

C'est ce qu'on appelle « l'hypothèse de Knudson » : il faut au moins deux altérations des gènes pour mettre en place les conditions propices au développement d'un cancer. Savoir qu'on en a déjà une, comme Kevin après son test génétique, devrait rendre plus attentif à la manière dont on traite ses gènes. Irradiation, exposition aux solvants organiques, aux métaux lourds, à certains végétaux ou toxines fongiques, voilà quelques façons parmi d'autres d'endommager les gènes, de les *modifier* en notre défaveur.

Le problème, c'est que la maladie de VHL prend des formes si variées qu'on ne sait jamais précisément où et quand elle se manifestera. Cela signifie qu'il faut à peu près tout surveiller, ce qui nécessite un suivi serré pendant le restant de la vie.

Quand Kevin m'a demandé à quoi il devait s'attendre, j'étais donc bien en peine de lui donner une réponse. Je n'ai rien pu faire d'autre que de lui énumérer les tumeurs auxquelles il était le plus vulnérable en répétant l'importance du suivi.

— Donc, ce que vous me dites, c'est qu'on ne sait pas de quoi je vais mourir, a-t-il lancé.

— La plupart de ces tumeurs sont curables, surtout si elles sont traitées à temps. Il n'est même pas certain que vous mouriez de cette maladie, lui ai-je répondu.

— Tout le monde meurt, a-t-il rétorqué, ironique.

— Bien sûr, mais avec un traitement…

— Pour le restant de mes jours ?

— Oui, probablement, mais…

— Des rendez-vous, des visites de contrôle tout le temps, le stress d'une surveillance permanente, les prises de sang, ne jamais savoir…

— Oui, ça fait beaucoup, mais les alternatives…

— Il y a toujours plein d'alternatives, a-t-il conclu en souriant, et j'ai alors su qu'il avait pris sa décision.

J'ai été profondément attristé, quelques années plus tard, quand on lui a découvert un adénocarcinome rénal métastatique à cellules claires, soit une forme de cancer du rein. Refusant encore une fois tout traitement conventionnel, il est décédé peu de temps après.

Peut-être vous demandez-vous en quoi cet exemple illustre la variabilité d'expression des gènes. Je vous répondrai que Kevin est certes mort comme sa mère, de façon tragique et prématurée, mais qu'il a été victime d'un autre cancer et qu'il était malheureusement bien plus jeune. D'une génération à l'autre, les gènes ne se comportent pas toujours de la même manière. Avec le protocole de surveillance proposé par son équipe médicale, le cancer de Kevin aurait pu être détecté plus tôt. S'il avait simplement demandé quels types de contrôles étaient nécessaires, et s'il avait accepté de s'y soumettre, il serait peut-être encore avec nous. Quand la santé et la vie sont en jeu, il revient à chacun de faire les bons choix. Le destin génétique est flexible. Dans une large mesure, nous pouvons l'infléchir si nous savons quelles questions poser… et que faire des réponses[7].

Pour mieux comprendre les fondements de ce nouveau concept d'hérédité flexible, je vous propose d'aller faire un tour à la bibliothèque Pierre-Jean Rémy de Nantes. C'est là qu'un bibliothécaire a découvert, il y a quelques années à peine, une partition depuis longtemps tombée dans l'oubli.

Le papier était jauni et cassant, l'encre s'était estompée dans la vieille pâte à papier, mais les notations apparaissaient encore clairement : la mélodie avait survécu. Il n'a donc pas fallu bien longtemps aux chercheurs pour voir que ce petit bout de papier rangé dans les archives de la bibliothèque et oublié depuis plus d'un siècle était l'œuvre authentique et excessivement rare de Mozart, écrite de sa propre main[8].

Il s'agit de plusieurs mesures en *ré* majeur, sans doute composées quelques années avant sa mort. Comme les six cents autres morceaux de Mozart, c'est un ensemble d'instructions qui transcendent les siècles, données par le compositeur à tous les musiciens. Mozart, semble-t-il, avait un faible pour l'appogiature – note brève et dissonante qui se résout sur la note principale et qui donne par exemple à *Someone like you*, la déchirante[9] ballade d'Adele, son charme mélancolique si particulier. Si la plupart des compositeurs contemporains préfèrent utiliser la double croche plutôt que l'appogiature, ce n'est rien de plus qu'une petite étape de l'évolution musicale. Des pianistes comme Ulrich Leisinger, directeur de recherche à la fondation Mozarteum de Salzburg, n'ont donc aucun mal à utiliser la partition pour ressusciter cet air longtemps perdu. En plus, ce veinard de Leisinger a la chance de pouvoir utiliser le piano à soixante et une touches qu'utilisait Mozart il y a plus de deux cent vingt ans[10].

Quand on le joue aujourd'hui, le morceau traverse l'espace et le temps pour se matérialiser dans le monde moderne avec ses fioritures espiègles. Pour les oreilles expertes de Leisinger, l'air qui se fait entendre est clairement un credo – une mélodie liturgique. Or Mozart a écrit beaucoup de musique religieuse dans son jeune âge, mais certains spécialistes se demandaient si la foi avait encore une quelconque importance durant ses vieux jours. Le morceau leur apporte donc une information précieuse.

L'examen de l'écriture et du papier laisse penser que la partition a été écrite vers 1787, époque où Mozart – très demandé dans le milieu de l'opéra – n'avait aucun besoin d'écrire des chants d'église pour subvenir à ses besoins. Pour Leisinger, c'est la preuve que la religion tenait encore une place importante à la fin de sa vie.

Tout cela grâce à quelques dizaines de notes.

Pendant longtemps, c'est ainsi que nous avons envisagé l'ADN : si les musiciens d'aujourd'hui sont capables de lire les instructions de Mozart et de les exécuter avec une fidélité quasi parfaite pour en révéler la substance, on peut voir le patrimoine génétique comme la partition contenant la musique de la vie.

C'est vrai dans une certaine mesure, mais l'histoire ne s'arrête pas là. Aujourd'hui se fait jour une nouvelle compréhension de l'identité génétique, et même de la lignée évolutionnaire. Loin d'être les esclaves de notre ADN, comme un vieil iPod éternellement coincé sur un requiem, nous découvrons qu'il y a en nous une incroyable flexibilité – une capacité innée à changer le morceau, à jouer différemment notre mélodie, et, ce faisant, à dépasser les lois quelque peu binaires du destin génétique mendelien.

C'est parce que la vie, et la génétique sur laquelle elle se fonde, ne ressemble pas à une vieille feuille de papier mais plutôt à un club de jazz obscur – peut-être au Jazzamba

Lounge de l'hôtel Taitu dans le centre effervescent de la capitale éthiopienne, Addis-Abeba, où des hommes et des femmes venus des quatre coins du monde se retrouvent pour boire, fumer, rire et prendre du bon temps. Écoutez un peu :

Les verres tintent, les chaises glissent, les voix susurrent.

Et de la scène obscure s'élève la basse :

Baoum-baoum-baoum bada baoum-baoum bada.

Puis le doux murmure d'une caisse claire qu'on balaie :

Sha-ssss sha-sssss sha-sssss – sha-sha-sssss.

Une vieille trompette bouchée :

Baaah ba-deh-dah baaaah-deh-deh-bah-dah.

Et enfin, une chanteuse au ton suave :

Oooooo-yah bada baaaaaah. Hayah hayah hayah bada-yaga.

Une ligne de basse élémentaire, à laquelle vient peu à peu s'ajouter toute la majesté tragique de la vie.

Il faut bien sûr une bonne dose d'orchestration génétique pour franchir toutes les étapes du développement jusqu'à l'âge adulte. Nous commençons donc tous avec une partition. Elle est plus vieille que celle de Mozart, et certaines notes remontent même au tout début de la vie sur Terre.

Mais il y a largement de quoi improviser. On peut choisir le tempo, le timbre, la tonalité, la puissance, la dynamique… Grâce à d'infimes processus chimiques, l'organisme utilise chaque gène comme le fait un musicien de son instrument. Il peut jouer rapidement ou lentement, très fort ou tout doux. Il peut même, selon les besoins, s'essayer à des registres complètement différents – comme l'incomparable Yo-Yo Ma qui passe sans peine de Brahms au bluegrass avec son violoncelle Stradivarius datant de 1712.

C'est ce qu'on appelle l'expression génétique.

Au plus profond, à un niveau infinitésimal, tout le monde fait la même chose : brasser inlassablement les doses d'énergie biologique nécessaires au changement de l'expression des gènes en fonction des exigences de la vie. De même que le jeu d'un musicien dépend de son expérience et de sa situation présente, nos cellules sont guidées – exprimées – par ce que l'on a fait dans le passé et ce que l'on fait à chaque instant.

Pensez-y bien, et tentons une petite expérience. Étirez-vous un peu. Bougez votre corps. Installez-vous confortablement, puis essayez de vous concentrer sur votre souffle. Inspirez, expirez. Après quelques respirations, dites-vous tout haut (ou du moins en chuchotant) que ce que vous faites dans la vie a une grande valeur pour vous et pour votre entourage. Maintenant, voyez le sentiment de puissance (ou peut-être de bêtise !) que cela suscite en vous.

Bien. En ce moment même, dans votre corps, vos gènes s'activent pour réagir à ce que vous venez de faire. Les mouvements conscients sont le résultat de signaux émis par le cerveau qui traversent le système nerveux pour atteindre les neurones moteurs inférieurs, puis les fibres des muscles. Dans ces fibres, des protéines appelées « actine » et « myosine » échangent un baiser biochimique qui convertit l'énergie chimique en travail mécanique. Parallèlement, les gènes se mettent au travail pour rééquilibrer les ingrédients chimiques dont on a besoin à chaque fois que le cerveau ordonne une action – que ce soit presser un bouton de télécommande ou courir un marathon.

Les pensées influencent également les gènes. Ceux-ci doivent changer, évoluer au fil du temps pour adapter la machinerie cellulaire à nos attentes ou à nos expériences passées. On crée des souvenirs, on ressent des émotions, on nourrit des espoirs. Tout cela est encodé dans chaque cellule comme des annotations en marge d'un vieux livre. Dans le cerveau, les milliards de synapses qui gèrent ce processus sont de simples ponts entre les neurones et les cellules, les signaux utilisés pour communiquer doivent être peu à peu remplacés et nourris d'infimes doses de produits chimiques sécrétés par le corps. Tout en assurant la survie de connexions vieilles de plusieurs décennies, de nombreux neurones travaillent par ailleurs à en créer de nouvelles.

Tout cela se produit en réaction aux exigences de la vie.

Et tout cela nous change. La différence est peut-être aussi légère qu'entre une appogiature et une double croche, peut-être même encore plus subtile.

Mais, par le biais de la flexibilité d'expression, l'existence que l'on mène modifie notre chanson génétique.

Vous vous sentez spécial ? Vous avez raison. Mais restez humble, car ce type de changement se manifeste chez toutes les formes de vie, aussi petites soient-elles. Cette capacité à s'adapter aux défis de l'existence n'est même pas l'apanage des êtres vivants : de nombreuses entreprises ont employé exactement les mêmes stratégies pour contrôler leurs marchés ou moduler leur production.

Certaines de ces stratégies ont été définies longtemps avant notre naissance, et pourtant, comme nous allons le voir, elles ont toujours cours aujourd'hui quand un homme demande une femme en mariage. Il est temps pour moi de vous proposer une autre manière d'appréhender la flexibilité de l'expression génétique.

Que vous rêviez d'un premier brillant ou que vous cherchiez à passer au modèle supérieur avec un solitaire, vous serez sans doute intéressé par ce secret bien gardé des diamantaires, à savoir le fait que, contrairement à bon nombre d'autres pierres précieuses, les diamants ne sont pas aussi rares qu'on le croit.

C'est la pure vérité. Il y a beaucoup de diamants, énormément de diamants – des gros, des petits, des bleus, des roses et des noirs. On les extrait dans des dizaines de pays et sur tous les continents, à l'exception de l'Antarctique (mais des chercheurs australiens viennent de trouver près du pôle Sud un gisement de kimberlite, roche volcanique souvent riche en diamants : ce n'est donc peut-être qu'une question de temps[11]).

Si vous avez déjà dépensé plusieurs salaires dans un diamant et si vous connaissez la loi de l'offre et de la demande, vous devez trouver mon affirmation suspecte : s'il y en a autant, comment se fait-il que les diamants coûtent si cher ?

Eh bien, vous pouvez dire merci à De Beers.

Cette entreprise controversée, fondée en 1888 et basée au Luxembourg, possède l'un des plus gros stocks de diamants au monde – dont la plus grande partie est mise de côté. Pendant plusieurs générations, De Beers a conservé un quasi-monopole sur le négoce des diamants. Sa stratégie ? Contrôler l'ensemble du processus, de l'extraction à la taille, et ne commercialiser que le strict nécessaire pour maintenir des prix élevés, un marché stable… et s'assurer que cette pierre relativement commune reste précieuse aux yeux des acquéreurs[12].

Les ruses du marketing ont fait le reste. Avant la Seconde Guerre mondiale, offrir une bague de fiançailles était une pratique assez rare – et les diamants n'étaient qu'une pierre d'ornement possible parmi bien d'autres. Mais, en 1938, De Beers engage un publicitaire de Madison Avenue, Gerold Lauck, en le chargeant de persuader les jeunes gens que ses morceaux de carbone compressés représentent le seul et unique moyen de faire part d'une demande en mariage. Dès le début des années 1940, la magie publicitaire a déjà opéré : une bonne partie du monde occidental est désormais convaincue que le diamant est le meilleur ami de la femme[13].

À la même époque, l'industriel Henry Ford aurait bien voulu accaparer le marché de la sorte. Il se serait sans doute volontiers prêté à ce petit jeu, mais ses produits sont malheureusement trop complexes pour qu'il puisse se passer de fournisseurs.

Cet état de fait le contrarie au plus haut point. Ford est l'un des premiers adeptes de l'efficience industrielle – stratégie qui présente de nombreuses analogies avec celle qu'emploie le génome dans l'expression génétique. Il a donc consacré beaucoup d'énergie à la rationalisation du processus de production.

Voici ce qu'il en dit dans son livre publié en 1922, *My Life and Work* : « Concernant l'achat des matériaux, nous avons découvert qu'il était inutile d'acheter davantage que ce que requièrent nos besoins immédiats, nous achetons donc uniquement ce qui est nécessaire au plan de production, en tenant compte de l'état des transports du moment[14]. »

Hélas, se lamente Ford, les transports laissent à désirer. S'ils fonctionnaient parfaitement, « nous n'aurions besoin d'aucun stock. Les cargaisons de matières premières arriveraient dans l'ordre, en temps et en quantité voulus, et passeraient directement des wagons aux usines. Cela permettrait de réaliser des économies substantielles puisqu'un turnover rapide réduirait le capital immobilisé dans les stocks ».

Malgré ses idées visionnaires, Ford disparaît sans avoir pu résoudre son problème. Ce sont finalement les constructeurs automobiles japonais qui vont sauter le pas en instaurant un système de production où la chaîne d'approvisionnement est directement liée à la demande immédiate. C'est ce qu'on appelle aujourd'hui le « juste-à-temps ». La légende veut que les cadres de Toyota aient découvert cette stratégie dans les années 1950, aux États-Unis, non pas dans les entreprises automobiles qu'ils visitaient, mais en faisant un détour par la première épicerie en libre-service, Piggly Wiggly. L'une des grandes innovations de la chaîne consistait à réapprovisionner le stock aussitôt qu'un article avait disparu du rayon[15].

La stratégie présente de nombreux avantages. Appliquée comme il faut, elle permet avant tout de réaliser des économies et des gains substantiels. Bien sûr, elle comporte des risques, l'un des principaux étant la vulnérabilité aux chocs d'offre liés à des événements tels que les catastrophes naturelles ou les grèves, qui peuvent interrompre l'approvisionnement en matières premières, donc bloquer l'usine et laisser les consommateurs les mains vides.

Apple a fait l'expérience d'un autre inconvénient du juste-à-temps lorsqu'une ruée sans précédent sur les iPad Mini a manqué d'anéantir sa capacité de production, les matériaux n'arrivant pas assez vite à l'usine pour répondre à la demande.

L'analogie entre le monde des affaires et l'expression génétique permet de mieux comprendre les stratégies biologiques que la plupart des cellules emploient pour limiter le coût de la vie. Comme les entreprises, l'organisme fait ses comptes de façon implacable : c'est ce qui rend sa survie possible.

À cet égard, son mode de fonctionnement ressemble plus à celui de Costco que de Walmart*. Puisque chaque utilisation des gènes entraîne un coût biologique, le but est d'en tirer le meilleur parti. Comme Costco, l'organisme est configuré de façon à obtenir une productivité optimale – c'est-à-dire employer un minimum d'enzymes pour accomplir le travail qui doit être fait. Le comportement

* Costco et Walmart sont deux chaînes d'hypermarchés américaines dont les politiques salariales sont souvent présentées comme radicalement opposées, la première étant réputée pour les bonnes conditions de travail offertes à ses employés (NdT).

des enzymes les apparente à de microscopiques machines moléculaires. Elles sont un exemple de structures codées par les gènes. Certaines sont capables d'accélérer les réactions chimiques, alors que d'autres, comme le pepsinogène, aident à digérer les protéines des aliments une fois qu'elles sont activées. D'autres encore, notamment celles qui appartiennent à la famille des P450, débarrassent le corps des poisons absorbés volontairement ou non.

En général, l'organisme produit uniquement ce dont il a besoin sur le moment, le but étant de réduire les stocks au minimum. Or ce processus s'accomplit par le biais de l'expression génétique.

Comme la formation des diamants, qui nécessite des millions d'années et une pression considérable, celle des enzymes entraîne des coûts biologiques élevés. Pour diminuer les coûts de production, nombre d'entre elles peuvent donc se former par un processus d'induction. Cela signifie que le corps est capable, quand il a besoin de certaines enzymes, de mobiliser des ressources supplémentaires pour produire à tour de bras l'équivalent biologique des iPad Mini, c'est-à-dire répondre à la demande. Mais attention, on peut avoir hérité des gènes pour telle ou telle enzyme, cela ne veut pas forcément dire que l'organisme les utilisera.

Sans doute avez-vous déjà vécu ce processus sans avoir conscience du rôle actif qui était le vôtre. C'est le cas, par exemple, si vous avez déjà abusé de l'alcool pendant un long week-end de fête : vos cellules hépatiques ont alors dû faire des heures supplémentaires pour fabriquer toutes les enzymes nécessaires face à ce déluge imprévu de boisson.

Les moyens d'augmenter la production pour répondre à la demande sont toujours là, dans vos cellules hépatiques, prêts à affronter la prochaine beuverie (dans ce cas, il s'agit d'une enzyme appelée « alcool déhydrogénase »). Cependant, elles ne sont pas toujours stockées en quantités suffisantes, car, comme les pièces détachées qui attendent dans un coin de l'usine, les enzymes non seulement prennent de la place, mais entraînent des coûts de production et de conservation trop élevés quand on ne boit pas excessivement.

La majeure partie du monde biologique est gouvernée par ces mêmes principes de rationalisation du coût de la vie. C'est un impératif. Si l'on dépense toute son énergie dans des enzymes qu'on n'utilise pas, on se prive de précieuses ressources qui pourraient servir à d'autres processus quotidiens essentiels tels que la plasticité cérébrale.

Les astronautes l'illustrent à merveille. Leur cœur perd un quart de sa masse peu après avoir atteint la Station spatiale internationale[16].

Ici, la logique est la même que quand on troque une Ford Mustang suralimentée pour une Mini Cooper afin de réduire la note à la pompe. Quand ils sont en apesanteur, en effet, les astronautes n'ont plus besoin de toute la puissance de leur cœur*. Mais de retour sur Terre et de nouveau soumis aux lois de la gravité, ils sont souvent victimes d'étourdissements et perdent parfois connaissance : c'est parce que leur cœur, comme une Mini gravissant une côte raide, n'arrive pas à envoyer suffisamment de sang au cerveau…

Mais pas besoin de voyager dans l'espace pour voir son cœur rétrécir : il suffit de quelques semaines au lit pour qu'il commence à s'atrophier[17]. Heureusement, les capacités de récupération du corps sont étonnantes. Il faudra simplement le convaincre qu'on a besoin de force et, puisque les cellules sont incroyablement malléables, la négociation ne sera pas forcément rude. Nos activités quotidiennes ont donc un

* Propulser le sang dans le sens contraire à la gravité demande beaucoup d'énergie au cœur. Quand on est en apesanteur, le sang n'a plus de poids et circule bien plus facilement. Il est donc possible de survivre avec un cœur nettement plus petit.

impact considérable sur ce que les gènes ordonnent aux cellules – une bonne raison de plus pour s'extraire de son canapé !

Mais avant de clore ce chapitre sur l'expression génétique, il y a une dernière chose dont je voudrais vous parler.

À première vue, *Ranunculus flabellaris* n'a pas l'air très intéressant. Cette espèce de bouton d'or connue sous le nom de « renoncule à flagelles » prolifère dans les forêts humides des États-Unis et du Canada méridional. Alors, c'est vrai, elle ne paye pas de mine, mais elle est pourtant dotée d'une aptitude étonnante : changer radicalement de forme selon sa proximité avec l'eau. C'est ce qu'on appelle « l'hétérophyllie ».

La renoncule à flagelles pousse en général sur les berges des fleuves. Étant donné les risques de crue, c'est pour les plantes un habitat précaire, qui pourrait même se révéler fatal pour une petite fleur aussi délicate. Elle s'y épanouit pourtant grâce à un phénomène d'expression génétique qui lui permet de modifier entièrement ses feuilles quand le fleuve quitte son lit, les lames arrondies se changeant alors en fils souples qui ondulent dans l'eau[18].

Quand la transformation a lieu, le génome reste stable. On pourrait croire qu'il s'agit d'une autre plante, mais elle possède toujours exactement les mêmes gènes. La seule chose qui change, c'est le phénotype, c'est-à-dire l'expression visible du génome.

Comme le cœur de l'astronaute qui passe de la Mustang à la Mini et inversement, la renoncule se métamorphose à nouveau quand le niveau de l'eau baisse. Il s'agit là d'une question de survie.

Pour les plantes, les insectes, les animaux et même les humains, l'expression n'est qu'une stratégie parmi tant d'autres pour affronter les rigueurs de la vie. Mais toutes partagent un point commun, la flexibilité.

Nous découvrons aujourd'hui que les gènes s'intègrent dans un réseau flexible. Dans une large mesure, cela va à l'encontre de ce qu'on nous avait dit de l'identité génétique : nos gènes ne sont pas aussi fixes et rigides qu'on le croyait jusqu'ici. S'ils l'étaient, nous ne serions pas capables de nous adapter, à l'instar de la renoncule à flagelles, aux exigences toujours changeantes de la vie.

Ce que Mendel ne pouvait pas observer sur ses petits pois – et ce que des générations de généticiens après lui n'ont pas su comprendre –, c'est que l'essentiel ne réside pas seulement dans les gènes hérités, mais aussi dans l'environnement qu'on leur donne. L'acquis peut bel et bien prendre le dessus sur l'inné.

Nous allons voir que c'est même très courant.

CHAPITRE 3

MODIFIER LES GÈNES

Comment les traumatismes, les brimades et la gelée royale altèrent notre destin génétique

La plupart des gens connaissent le travail de Mendel sur les petits pois. Certains ont entendu parler de son expérience avortée sur les souris. Mais quasiment personne ne sait qu'il a aussi étudié les abeilles, qu'il appelait affectueusement « mes petits animaux chéris ».

Qui pourrait lui reprocher une telle adulation ? Les abeilles ne cessent de nous fasciner et ont beaucoup à nous apprendre sur l'humanité. Avez-vous déjà été témoin du spectacle impressionnant et quelque peu effrayant qu'offre une colonie en train d'essaimer ? Quelque part au milieu de cette sublime tornade se trouve la reine qui vient de quitter sa ruche.

Mais qui est-elle donc pour mériter une telle parade ?

Déjà, il faut la voir : elle a un corps de top model, plus long que celui de ses consœurs ouvrières, avec un abdomen lisse au lieu d'être poilu. Et comme elle doit faire face à des coups d'État entomologiques perpétrés par de jeunes prétendantes au trône, elle est aussi dotée d'un dard utilisable à volonté, contrairement aux autres femelles qui meurent après s'en être servi pour la première fois. Les reines vivent par ailleurs des années, alors que la plupart des autres abeilles ont une espérance de vie réduite à quelques semaines. Enfin, elles peuvent pondre des milliers d'œufs par jour pendant que les ouvrières stériles satisfont leurs augustes besoins*.

Il y a donc de bonnes raisons de faire grand cas de cette dame.

Comparée à ses ouvrières, on serait tenté de penser que la reine est génétiquement différente. Cela semblerait logique vu tout ce qui les sépare. Mais plongez votre regard un peu plus loin, jusque dans l'ADN, et vous verrez qu'il n'en est rien : d'un point de vue génétique, la reine n'a rien d'exceptionnel. Et pourtant, bien qu'elle ait les mêmes parents et un ADN parfaitement identique à celui de ses consœurs ouvrières, elle diffère radicalement par son comportement, sa physiologie et son anatomie.

Pourquoi ? Tout simplement parce que les larves de reines mangent mieux.

La nourriture qu'elles ingèrent modifie leur expression génétique. Dans le cas qui nous intéresse, certains gènes spécifiques sont activés ou désactivés par un mécanisme dit « épigénétique ». Quand la colonie décide que la reine a fait son temps, elle choisit une poignée d'élues qui seront nourries de gelée royale, produit riche en protéines et acides aminés sécrétés par les glandes buccales des jeunes ouvrières. Toutes les larves y ont droit au début de leur vie, mais les futures ouvrières en sont rapidement privées. Les petites princesses, en revanche, peuvent se repaître jusqu'à gagner leurs lettres de noblesse. Ensuite, celle qui parviendra à tuer ses sœurs royales montera sur le trône.

Ses gènes n'ont donc rien de spécial : c'est son expression génétique qui la fait sortir du lot[1].

---

* Les ouvrières pondent parfois des œufs qui donneront des abeilles mâles, mais, étant donné la complexité de leur reproduction génétique, elles sont incapables d'engendrer des femelles.

Les apiculteurs savent depuis des siècles que les larves nourries de gelée royale deviennent reines. Mais nul n'aurait su l'expliquer avant le premier séquençage du génome de l'abeille occidentale (*Apis mellifera*) en 2006 et la découverte des subtilités du processus de différenciation en 2011.

Comme toutes les créatures de notre planète, l'abeille partage de nombreuses séquences génétiques avec d'autres animaux, y compris l'être humain. Les chercheurs ont vite remarqué que l'un de ces codes communs était un ADN méthyltransférase appelé DNMT 3. Chez les mammifères, celui-ci permet de modifier l'expression de certains gènes par des mécanismes épigénétiques.

Or, en désactivant le DNMT 3 sur une centaine de larves, les chercheurs ont obtenu une couvée de reines. Et quand ils l'ont réactivé sur un autre groupe, toutes sont devenues ouvrières. Les reines n'ont donc pas quelque chose en plus comme on serait tenté de le penser, mais plutôt quelque chose en moins. La gelée royale dont les larves royales se gavent sert en fait à inhiber le gène qui transforme l'abeille en ouvrière[2].

Bien sûr, notre alimentation n'a rien à voir avec celle des abeilles, mais celles-ci (et les scientifiques qui les étudient) nous apprennent des choses étonnantes sur la manière dont les gènes s'expriment afin de répondre aux exigences de la vie[3].

Comme les êtres humains qui remplissent au cours de leur existence une succession de rôles donnés – de l'étudiant au retraité en passant par le travailleur –, les ouvrières suivent de la naissance à la mort un schéma de développement prévisible. Elles débutent en tant que nettoyeuses, assurant la propreté de la ruche et évacuant si nécessaire les cadavres afin de protéger la colonie des maladies. La plupart d'entre elles deviennent ensuite nourrices, s'occupant des larves et veillant à ce que chacune d'entre elles soit surveillée au moins 1 000 fois par jour. Enfin, quand elles atteignent l'âge avancé de deux semaines, elles sortent de la ruche pour aller butiner le nectar.

De temps en temps, quand il y a besoin de nourrices en renfort, les butineuses reprennent leur ancien rôle. Une équipe de scientifiques rassemblant l'université Johns Hopkins et celle de l'État d'Arizona a voulu comprendre ce phénomène en cherchant une éventuelle modification de l'expression génétique. Celle-ci se repère à l'aide d'indicateurs chimiques présents sur certains gènes. Or, en comparant les nourrices et les butineuses, il s'est avéré que ces marqueurs étaient effectivement situés à des endroits différents sur plus de cent cinquante gènes.

Les chercheurs leur ont donc joué un tour en enlevant les nourrices de la ruche pendant que les butineuses étaient parties récolter le nectar. À leur retour, ces dernières se sont immédiatement reconverties en nourrices pour ne pas laisser dépérir les petits, et la structure de leur marquage génétique s'est presque aussitôt transformée[4].

Les gènes activés se sont désactivés et, inversement, ceux qui étaient silencieux se sont exprimés. Ainsi, les butineuses ne changeaient pas seulement de travail, mais vivaient bel et bien un autre destin génétique.

Or même s'il semble que tout nous sépare des abeilles, nous partageons sur le plan génétique une quantité impressionnante de points communs, dont le DNMT 3 fait partie[5].

Comme chez l'abeille, l'expression génétique peut donc changer radicalement nos vies, pour le meilleur ou pour le pire.

Prenons les épinards, légume dont les feuilles sont riches en bétaïne. Que ce soit dans la nature ou dans les champs cultivés, ce composé chimique aide les plantes à affronter les stress environnementaux tels que la sécheresse, la haute salinité ou des températures extrêmes. Pour ce qui concerne l'être humain, on sait qu'il peut prendre le rôle de donneur de méthyle, participant alors à une réaction chimique en chaîne qui laisse sa marque sur le code génétique. Or, des chercheurs rattachés à l'université de l'Oregon ont observé que, chez de nombreux consommateurs d'épinards, ces modifications épigénétiques aidaient les cellules à résister aux mutations causées par un carcinogène présent dans la viande cuite. Dans les expériences sur des animaux de laboratoire, cela a permis de réduire de moitié le taux de tumeurs du colon[6].

De même que la gelée royale entraîne chez les abeilles un développement différent, ces minuscules composés chimiques présents dans l'épinard peuvent ainsi ordonner aux cellules un changement de comportement. Tout laisse donc à penser que le fait de manger des épinards peut modifier l'expression des gènes.

Souvenez-vous, je disais au début du livre que Mendel, si l'évêque Schaffgotsch n'avait pas écourté son travail sur les souris, aurait pu faire une trouvaille encore plus révolutionnaire que sa théorie de l'hérédité. J'aimerais maintenant vous raconter comment cette découverte a finalement eu lieu.

Cela a pris du temps : plus de quatre-vingt-dix ans s'étaient écoulés depuis la mort de Mendel quand les généticiens Arthur Riggs et Robin Holliday – qui travaillaient chacun de leur côté, l'un aux États-Unis et l'autre en Grande-Bretagne – découvrirent presque en même temps, au cours de l'année 1975, que si les gènes étaient effectivement fixes, ils pouvaient toutefois s'exprimer différemment selon les stimuli qu'on leur envoyait, et qu'ils étaient donc associés à un ensemble de caractères, et non pas à un seul comme on le pensait jusqu'alors.

Leur découverte remettait totalement en question l'idée selon laquelle les gènes ne pouvaient être modifiés qu'à travers un long processus de mutation génétique. Mais, comme celle de Mendel au XIXe siècle, les théories proposées par Riggs et Holliday furent royalement ignorées. Une fois de plus, l'idée était trop en avance sur son temps pour pouvoir s'imposer.

Il faudra attendre encore un quart de siècle avant que l'idée ne fasse son chemin. On doit sa percée au travail étonnant d'un scientifique au visage de chérubin dénommé Randy Jirtle. Comme Mendel, Jirtle se doutait que l'hérédité était bien plus complexe qu'il n'y paraissait de prime abord. Et comme Mendel, il sentait que les souris pourraient l'aider à tirer ses idées au clair.

En prenant pour cobaye des souris agoutis, porteuses d'un gène qui les rend dodues et donne à leur pelage une teinte jaune vif, Jirtle et ses collègues de l'université Duke firent une découverte stupéfiante : il suffisait de modifier le régime des femelles – en ajoutant peu avant la conception quelques nutriments tels que la choline, la vitamine B12 et l'acide folique – pour que leur progéniture soit plus menue et dotée de poils bruns mouchetés, bref, plus proche de la souris lambda. Un peu plus tard, les chercheurs découvrirent qu'elles étaient par ailleurs moins prédisposées au cancer et au diabète.

L'ADN restait inchangé, mais les créatures n'avaient rien à voir avec les générations précédentes. La différence ne tenait donc qu'à l'expression des gènes : le changement introduit dans le régime alimentaire des mères avait marqué le code génétique de la progéniture en désactivant le gène agouti, et l'inhibition du gène s'était ensuite transmise de génération en génération.

Ce n'était qu'un début. La génétique du XIXe siècle progresse si rapidement que les petites souris de Jirtle sont vite devenues de l'histoire ancienne. Nous en apprenons tous les jours un peu plus sur les moyens de modifier l'expression génétique, que ce soit chez la souris ou chez l'homme. La question n'est plus de savoir si on peut l'influencer : c'est désormais un fait établi. Aujourd'hui, nous nous intéressons plutôt à de nouveaux médicaments dont l'usage est déjà autorisé chez l'être humain, avec l'espoir qu'ils permettent aux générations présentes et futures de vivre plus longtemps et en meilleure santé. Ce que Riggs et Holliday ont théorisé – et ce que Jirtle est parvenu à faire accepter – est maintenant connu sous le nom d'« épigénétique ». Celle-ci se définit comme l'étude des modifications de l'expression génétique causées par les conditions de vie, mais n'altérant pas la structure profonde de l'ADN – comme dans le cas des larves nourries de gelée royale. L'un des domaines de l'épigénétique qui se développe le plus vite et suscite le plus d'intérêt est l'étude de l'héritabilité, ou comment ces changements se transmettent d'une génération à l'autre.

L'un des mécanismes épigénétiques impliqués dans l'expression des gènes est appelé « méthylation ». Il existe de nombreux moyens de modifier de l'ADN sans altérer la séquence de lettres (nucléotides). La méthylation s'effectue par le biais d'une molécule en forme de trèfle composée d'hydrogène et de carbone, qui est attachée à l'ADN et modifie sa structure de façon à programmer les cellules pour qu'elles se forment et se comportent comme il faut – ou du moins comme les générations précédentes leur ont dit de le faire. En activant ou désactivant certains gènes, la méthylation peut ainsi provoquer le cancer, le diabète ou des anomalies congénitales. Mais ne désespérez pas : elle peut aussi entraîner une expression génétique qui aide à vivre plus longtemps et en meilleure santé.

Ces altérations épigénétiques s'observent dans des endroits aussi inattendus qu'un camp d'été pour mincir.

En suivant un groupe de deux cents jeunes Espagnols engagés dans une lutte de dix jours contre les kilos en trop, des chercheurs ont en effet découvert que l'étude du profil de méthylation (la façon dont les gènes sont activés ou désactivés) sur cinq régions du génome permettait de prédire quels seraient les participants qui minciraient le plus[7]. Ainsi, certains adolescents étaient épigénétiquement préparés à perdre leurs kilos en trop alors que d'autres étaient condamnés à les garder, même s'ils respectaient scrupuleusement les recommandations diététiques de leurs conseillers.

Nous découvrons aujourd'hui comment mettre à profit les enseignements fournis par ce genre d'études. Ce que révèlent les profils de méthylation des adolescents espagnols, c'est l'importance décisive d'une bonne connaissance de nos épigénomes individuels, que ce soit dans la perte de poids ou dans d'autres domaines. En tirant les leçons de cette expérience, nous pouvons étudier notre épigénome de façon à mettre au point une stratégie de perte de poids optimale – ce qui permettrait à certains d'entre nous de ne pas jeter l'argent par les fenêtres en payant les frais exorbitants d'un stage voué à l'échec…

Notons toutefois que l'épigénome est loin d'être immuable. Comme l'ADN dont on a hérité, il est affecté par ce que l'on fait à ses gènes. Nous découvrons aujourd'hui qu'il est très facile d'influencer les modifications épigénétiques telles que la méthylation. Ces dernières années, les généticiens ont découvert de nombreux moyens d'étudier les gènes méthylés, mais aussi de les reprogrammer pour les activer, les désactiver, ou encore réguler leur expression. Or réguler l'expression des gènes, c'est par exemple éviter qu'une tumeur ne devienne maligne.

Parmi les facteurs d'altérations épigénétiques, on peut citer les médicaments, les cigarettes, l'alcool, le sport ou les rayons X.

Et aussi le stress.

En s'appuyant sur les travaux de Jirtle sur les souris agoutis, des chercheurs de Zurich ont voulu savoir si un traumatisme subi durant la petite enfance pouvait avoir des répercussions sur l'expression génétique. Ils ont donc privé des souriceaux de leur mère pendant trois heures, puis ont remis les petites créatures sourdes, aveugles et imberbes aux bons soins de leur génitrice, répétant l'expérience pendant deux semaines avant d'arrêter leurs méfaits.

Les petits se sont finalement développés normalement, leurs yeux se sont ouverts, leur ouïe s'est développée et leur pelage a poussé. Mais le calvaire qu'ils avaient vécu au cours de ces deux semaines a fait d'eux des adultes inadaptés. Ils avaient du mal à repérer les endroits potentiellement dangereux et, face aux difficultés, ils abandonnaient la partie au lieu de se battre ou de chercher une solution. Mais le plus intéressant, c'est qu'ils ont transmis ces comportements à leurs petits, et aux petits de leurs petits, sans participer à leur élevage[8].

Autrement dit, le traumatisme qu'ils avaient subi était encore génétiquement présent deux générations plus tard. Incroyable !

D'autant que 99 % du génome de la souris est semblable au nôtre et que les deux gènes responsables des changements observés dans l'étude de Zurich – MECP2 et CRFR2 – sont également présents chez l'être humain.

Évidemment, on ne pourra pas affirmer que le même phénomène se produit chez l'homme avant d'avoir pu effectivement l'observer. Ce qui s'avère difficile puisque nos vies relativement longues compliquent les expériences sur les changements générationnels. Et aussi parce que, chez l'être humain, il est toujours plus délicat de faire la part des choses entre l'inné et l'acquis.

Mais cela ne veut pas dire pour autant qu'aucun changement épigénétique lié au stress n'ait été observé chez l'homme.

Au début du livre, je vous avais demandé de vous rappeler votre année de sixième. Pour certains, ce n'est pas très agréable, cela fait resurgir des souvenirs qu'ils auraient préféré oublier. Il est difficile d'obtenir une évaluation précise, mais on pense qu'au moins trois quarts des enfants ont été victimes de violences ou d'intimidations à un moment ou à un autre. Il y a donc de fortes chances pour que vous ayez vécu ce genre d'expériences. Ceux qui sont maintenant parents s'inquiètent d'autant plus du bien-être et de la sécurité de leurs enfants, que ce soit à l'école ou ailleurs.

Jusqu'à tout récemment, les conséquences à long terme de ces violences étaient surtout envisagées en termes psychologiques. Tout le monde s'accorde à dire que cela peut laisser de profondes cicatrices émotionnelles. La douleur psychique est parfois telle que certains enfants ou adolescents vont jusqu'à s'automutiler.

Mais, hormis de sérieuses séquelles psychologiques, que provoque donc au juste ce genre d'expériences malheureuses ? C'est à cette question qu'une équipe de chercheurs nord-américaine a tenté de répondre en observant des jumeaux monozygotes à partir de leurs 5 ans. En plus d'avoir un ADN identique, les jumeaux choisis pour l'expérience n'avaient jamais subi de brimades.

Vous serez heureux d'apprendre que les scientifiques n'ont pas été autorisés à traumatiser leurs sujets comme l'avaient été nos petites souris suisses. Ils se sont donc contentés de laisser faire les autres enfants.

Après avoir patiemment attendu sept ans, les chercheurs ont réexaminé les paires de jumeaux où un seul enfant avait été rudoyé. Et qu'ont-ils trouvé ? Une différence épigénétique flagrante qui n'existait pas à l'âge de 5 ans, avec une modification significative présente uniquement chez l'enfant victime d'intimidations. Cela signifie très clairement que les brimades n'entraînent pas seulement un risque d'automutilation chez les jeunes, mais aussi une modification du fonctionnement des gènes, laquelle pourrait se transmettre aux générations suivantes.

Concrètement, cela se manifeste en général au niveau d'un gène appelé SERT qui code pour une protéine participant au transport de la sérotonine vers les neurones. Chez les sujets victimes d'intimidations, la région promotrice de ce gène présente une plus forte méthylation de l'ADN. On pense que cette modification réduit la quantité de protéines produites par le gène SERT. Ainsi, plus le gène est méthylé, plus il serait inhibé.

Ces découvertes sont importantes, car ces changements épigénétiques pourraient persister tout au long de la vie. Cela voudrait dire que, même si on est incapable de se rappeler les détails de l'expérience en question, nos gènes, eux, s'en souviennent parfaitement.

Ce n'est pas tout : les chercheurs voulaient aussi savoir si les modifications génétiques observées allaient de pair avec un changement d'ordre psychologique. Ils ont donc soumis les jumeaux à des tests, en leur demandant d'effectuer des tâches que la plupart des gens trouvent stressantes et préfèrent éviter, comme prendre la parole en public ou effectuer un calcul mental. Ils ont alors découvert que la réponse du cortisol en cas de stress était nettement plus basse chez le jumeau victime de brimades (et possédant la modification épigénétique correspondante). Leur vécu avait donc réduit non seulement l'expression du gène SERT, mais aussi le taux de cortisol en cas de situation éprouvante.

Tout cela ne semble pas très logique à première vue. Le cortisol, surnommé « hormone du stress », est normalement présent en quantité élevée chez les personnes stressées. Alors, pourquoi y en aurait-il moins chez celui qui a subi des brimades ? Pourquoi ne serait-il pas au contraire plus stressé en cas de situation difficile ?

C'est compliqué, mais vous allez voir que cela se tient : en réponse au traumatisme généré par les brimades, le gène SERT modifie l'axe hypothalamo-pituito-surrénal, lequel sert normalement à surmonter le stress et les déconvenues de la vie quotidienne. Les résultats de l'expérience montrent que plus le degré de méthylation est élevé, plus le gène SERT est inhibé, et plus la réponse du cortisol s'affaiblit. Or, une telle baisse de la production du cortisol s'observe également chez les personnes en état de stress post-traumatique, ce qui montre toute l'ampleur de cette réaction épigénétique.

Les pics de cortisol aident à faire face aux situations difficiles. Cependant, trop de cortisol pendant trop longtemps peut vite s'avérer néfaste pour l'organisme. Ici, l'amoindrissement de la réponse du cortisol était donc une réaction épigénétique à des intimidations subies de façon prolongée : l'épigénome s'était modifié de façon à protéger l'enfant contre un taux élevé et persistant de cortisol. C'est un bon compromis, un mécanisme d'adaptation qui permet de survivre aux brimades répétées, mais les conséquences à long terme sont proprement ahurissantes.

Les réactions génétiques suivent souvent ce genre de schéma favorisant le bien-être à court terme. C'est très utile, bien sûr, mais ces modifications épigénétiques qui affaiblissent la réponse du cortisol peuvent générer de graves problèmes psychiatriques tels que la dépression ou l'alcoolisme, et – sans vouloir vous effrayer – elles sont probablement transmissibles d'une génération à l'autre.

D'ailleurs, si nous observons de tels changements chez les enfants rudoyés, que se passe-t-il en cas d'événements traumatiques touchant de larges pans de la population ?

Tout a tragiquement commencé à New York, par un beau matin frais et ensoleillé où plus de 2 600 personnes ont perdu la vie. Parmi ceux qui se trouvaient aux alentours du World Trade Center le 11 septembre 2001, bon nombre se sont retrouvés en état de stress post-traumatique pendant les mois ou les années suivantes.

Mais, pour Rachel Yehuda, professeur de psychiatrie et de neurosciences au département des études sur le stress traumatique du Mount Sinai Medical Center, à New York, la terrible tragédie offrait une occasion de recherche unique.

Yehuda savait depuis longtemps que les gens souffrant d'un stress post-traumatique présentaient un taux de cortisol plus bas que la moyenne ; elle l'avait observé dès la fin des années 1980 sur les vétérans de guerre qu'elle étudiait. La chercheuse savait donc très bien par où commencer quand elle a entrepris d'analyser la salive de femmes présentes près des tours jumelles le 11 septembre et enceintes à ce moment-là.

Celles qui ont finalement développé un stress post-traumatique présentaient comme attendu un taux de cortisol significativement bas. Et, chose intéressante, il en allait de même pour leurs bébés à la naissance, notamment ceux qui en étaient à leur troisième trimestre de développement au moment des attaques.

Depuis, les bébés ont grandi. Ils sont toujours examinés par Yehuda et ses collègues, qui cherchent en quoi l'événement les a affectés. L'équipe a déjà découvert que les enfants de mères traumatisées étaient plus facilement en détresse que les autres[9].

Que faut-il en conclure ? Si l'on tient également compte des résultats obtenus sur les animaux, on peut raisonnablement en déduire que les gènes n'oublient pas facilement les expériences vécues. Ainsi, même si l'on a suivi une thérapie et que l'on a l'impression d'avoir tourné la page, les gènes enregistrent et conservent le traumatisme.

Reste une question primordiale : transmettons-nous aux générations suivantes nos expériences passées – que ce soit des brimades à l'école ou un attentat ? On a longtemps pensé que presque toutes ces marques ou annotations épigénétiques s'effaçaient avant la conception. Mais maintenant que les lois de Mendel commencent à être dépassées, nous découvrons que ce n'est probablement pas le cas.

Il devient évident que certaines phases du développement intra-utérin sont particulièrement propices aux modifications épigénétiques. Pendant ces périodes cruciales, des facteurs environnementaux comme une mauvaise alimentation peuvent activer ou désactiver certains gènes, donc affecter l'épigénome. C'est un fait : certains moments décisifs de la vie fœtale laissent à jamais leur marque sur le patrimoine génétique.

Cependant, nous ne savons pas encore précisément quels sont ces moments clés. Pour les futures mères, c'est une bonne raison de plus pour surveiller leur alimentation et leur niveau de stress tout au long de la grossesse. Des recherches en cours montrent d'ailleurs que l'obésité maternelle peut provoquer une reprogrammation métabolique du fœtus qui rend la progéniture plus vulnérable à certaines maladies telles que le diabète[10]. Cela vient conforter une idée qui va à l'encontre des croyances populaires mais qui est de plus en plus répandue parmi les obstétriciens, à savoir que les femmes enceintes ne devraient pas manger pour deux.

Comme dans l'exemple des souris agoutis, nous avons déjà observé chez les animaux de nombreuses modifications épigénétiques passant d'une génération à l'autre. Selon moi, il y a donc de fortes chances pour que l'existence d'une telle transmission des traumatismes soit bientôt prouvée chez l'homme.

Cela dit, nous sommes loin d'être impuissants étant donné tout ce que nous avons appris sur l'hérédité et les moyens d'influencer le génome – que ce soit dans le bon sens (peut-être grâce aux épinards) ou le mauvais (le stress, semble-t-il). Il est certes impossible de se libérer complètement de son patrimoine génétique, mais plus on en saura, mieux on comprendra combien nos choix de vie influent sur la génération présente, la suivante, et peut-être même toute la descendance.

L'homme est le résultat génétique de son expérience, mais aussi de tous les événements vécus par ses parents et ses ancêtres, les joies aussi bien que les tragédies. En étudiant l'impact du vécu sur le destin génétique, nos chères croyances mendeliennes sur l'hérédité sont donc complètement remises en question.

CHAPITRE 4

CE QUE L'ON N'UTILISE PAS SE PERD

Comment la vie et les gènes conspirent à faire et défaire les os

Médecins et dealers sont à peu près les seuls à utiliser encore les *pagers*. Quand je sors le mien de ma poche dans un restaurant bondé ou avant d'entrer dans une salle de théâtre, je me demande souvent ce que les gens peuvent bien penser de moi.

Il a sonné un matin, il y a peu, alors que je faisais la queue dans le Starbucks d'un hall d'hôpital. J'étais à deux doigts de commander ma boisson, mais la personne devant moi prenait son temps, tergiversant entre un double café au lait, un moka lait de soja et que sais-je encore.

J'ai quitté la file pour répondre au message. La femme à l'autre bout de la ligne faisait partie de l'équipe pédiatrique chargée d'une jeune patiente victime de multiples fractures. Elle me demandait si je pouvais passer voir la petite, ils en avaient encore pour un quart d'heure avant de terminer leur travail de routine. J'ai noté le numéro de la chambre sur une serviette en papier avant de refaire la queue, qui était à présent bien plus longue.

Cela m'était égal : ces quelques minutes d'attente supplémentaires me donneraient le temps de rassembler mes idées.

J'ai donc passé en revue tout ce qui pourrait m'aider à poser le diagnostic, toutes les explications possibles aux cas de fractures récurrentes chez les jeunes enfants – si on a X, c'est ceci, donc cela… si on a Y, c'est ceci ou cela, etc.

Et ce faisant, j'ai pensé au lien particulier que les os permettent d'établir avec le reste du corps.

Des décorations d'Halloween au film *Pirates des Caraïbes,* les occasions de voir un squelette ne manquent pas. Même si vous êtes incapable de nommer un seul des 206 os qui forment l'ossature humaine, celle-ci vous est sans doute familière et vous pourrez facilement la visualiser quand on évoquera les réactions du corps aux exigences toujours changeantes de la vie.

Le squelette suit la même règle que la majeure partie de l'organisme : ce que l'on n'utilise pas finit par se perdre. En réaction à nos activités physiques ou à notre inactivité, les gènes sont appelés à déclencher des processus qui rendent les os solides et malléables ou, à l'inverse, fragiles et cassants. Le mode de vie affecte ainsi les gènes.

Cependant, tout le monde n'hérite pas du savoir-faire génétique qui permet de créer le type d'os nécessaire à la flexibilité du squelette. C'était l'hypothèse que j'examinais tandis que, ma tasse de thé enfin à la main, je montais au septième étage pour aller frapper à la porte de la patiente. Sur le lit, devant moi, dans une minuscule chemise d'hôpital, se trouvait une jolie petite fille aux cheveux noirs. Elle avait 3 ans et répondait au nom de Grace.

La sueur perlait sur son front, sans doute à cause de la douleur due aux fractures. Je l'ai noté mentalement tout en me lançant dans une rapide analyse de la situation, comme toujours lorsque j'ouvre les rideaux qui offrent un semblant d'intimité aux patients.

Un détail a vite attiré mon attention.

Ses yeux.

Liz et David ne pouvaient pas avoir d'enfant et, pendant longtemps, ils se sont très bien accommodés de leur sort.

Liz était graphiste, David dirigeait un cabinet d'expertise comptable. Ils n'étaient pas mécontents d'avoir du temps à consacrer à leurs carrières et à leur vie de couple. Ils pouvaient partir à l'autre bout du monde pendant les vacances et profiter de tout ce que la vie offrait de meilleur.

Le couple regardait d'un œil amusé leurs amis parents qui dépensaient une énergie phénoménale pour seulement organiser la semaine : il y avait les problèmes d'école et les longues réunions de parents d'élèves, les cours de musique et de sport, les camps d'été où il fallait emmener les enfants – sans parler des réveils intempestifs au beau milieu de la nuit pour cause de cauchemar ou des petits debout à 6 heures le dimanche matin… Très peu pour eux, merci !

Ils ont donc été les premiers surpris le jour où, sans crier gare, leur vision des choses a changé.

Il y avait partout dans le monde des enfants en mal de parents. Mais quand Liz a découvert le taux de mortalité des petites orphelines chinoises – tragiquement déséquilibré par rapport à celui des garçons –, elle a tout de suite su ce qu'il lui restait à faire.

Le pays le plus peuplé du monde a mis en place sa politique de l'enfant unique en 1979. À l'époque, la Chine était sur le point de franchir le seuil du milliard d'habitants alors que beaucoup avaient à peine de quoi se loger et se nourrir. Les autorités médicales ont donc instauré un système de planning familial, et, si les mesures préventives échouaient, l'avortement était la norme*. Quant à ceux qui donnaient néanmoins naissance à un deuxième, voire à un

* Nous parlerons dans le chapitre 10 de l'histoire surprenante qui se cache derrière ce phénomène.

troisième enfant, ils n'avaient souvent pas d'autre choix, surtout dans les zones urbaines, que de les abandonner devant la porte d'un orphelinat d'État.

Le malheur des uns faisant le bonheur des autres, le système chinois a ainsi créé un immense réservoir d'orphelins, surtout de sexe féminin. Les besoins des couples stériles chinois ne suffisaient pas à les désengorger et, à peine cinq ans après avoir mis en place sa politique controversée, ce pays qui avait rarement laissé sortir ses enfants hors des frontières est devenu un pays phare pour les parents du monde entier désireux d'adopter.

En 2000, la Chine était même le premier pourvoyeur d'enfants pour les familles adoptives d'Amérique du Nord. Et, bien que les chiffres aient quelque peu baissé ces dernières années, elle reste l'un des principaux pays contributeurs pour les États-Unis et le Canada.

Liz et David savaient que leur chemin serait néanmoins semé d'embûches. La corruption a parfois entaché les procédures d'adoption. Et même quand tout va bien, il peut se passer plusieurs années entre le moment où les parents prennent contact avec une agence et celui où l'enfant arrive chez eux. Cependant, les couples prêts à adopter un enfant ayant un problème physique – généralement quelque chose de « corrigible » comme un bec-de-lièvre – bénéficient parfois de quelques faveurs bureaucratiques.

Parmi ces infirmités légères figure la dysplasie de la hanche, anomalie assez courante qui provoque des luxations à répétition. Dans la plupart des pays développés, ces cas sont généralement curables s'ils sont pris en charge suffisamment tôt. Mais dans les pays où l'accès aux soins est moins évident, ces enfants peuvent finir avec un réel handicap. C'était précisément ce qui risquait d'arriver à Grace.

Liz et David sont tout de suite tombés sous le charme. Dès qu'ils l'ont vue en photo, ils ont su que c'était elle qui devait devenir leur fille. Ils ont donc rassemblé les documents nécessaires à la procédure d'adoption et ont consulté un pédiatre qui leur a assuré que le problème de Grace serait sans doute facile à traiter en Amérique du Nord.

Offrir à Grace les soins médicaux dont elle avait besoin semblait dérisoire comparé à l'honneur de devenir ses parents. Le couple a donc réservé ses billets pour la Chine et préparé leur maison pour l'arrivée d'un enfant.

Ils ne savaient pas grand-chose de leur future fille. On leur avait seulement dit qu'elle avait été trouvée devant l'orphelinat un an plus tôt et devait avoir environ 2 ans. C'était à peu près tout. Mais une fois arrivés à l'orphelinat de Kunming, dans le sud-ouest de la Chine, Liz et David ont découvert autre chose.

Ils savaient à quoi s'attendre concernant le Spica, sorte de plâtre qui part des hanches et maintient les jambes écartées. La surprise, c'était sa taille énorme comparée à celle, minuscule, de la petite fille : elle ne pesait que six kilos et semblait avoir été avalée par l'énorme monstre de plâtre.

Forts des assurances du médecin, les futurs parents ont toutefois gardé confiance : le problème était temporaire et parfaitement curable. L'une des employées de l'orphelinat, voyant qu'ils ne semblaient pas rebutés par l'état de la petite fille, les a pris à part pour leur dire combien elle était heureuse de voir Grace partir avec eux.

— Vous êtes son destin, a-t-elle déclaré.

Elle avait entièrement raison.

Quelques jours plus tard, ils étaient de retour en Amérique et, après une rapide visite chez le pédiatre, ils ont pu faire enlever le Spica avant de prendre un autre rendez-vous pour entamer le traitement de la dysplasie.

Mais sous le plâtre, les jambes étaient terriblement maigres et, moins de vingt-quatre heures plus tard, Grace s'était cassé le fémur gauche et le tibia droit.

Au lieu de l'aider à vivre avec sa dysplasie, le plâtre semblait donc avoir empiré les choses : ses os s'étaient fragilisés au point de devenir cassants comme le verre. La petite fille s'est donc à nouveau retrouvée immobilisée.

Quelques mois plus tard, une fois Grace enfin libérée de son plâtre, sa mère l'a emmenée dans un magasin de sport acheter un canoë pour leurs prochaines vacances en camping. Grace était tranquillement installée dans les bras de sa mère quand elle a bougé pour montrer du doigt le modèle rose qui lui plaisait.

Le son, m'expliquera ensuite sa mère, ressemblait à un coup de feu. Liz a frémi. Grace s'est mise à hurler. Quelques minutes plus tard, la petite fille en pleurs et la mère dans tous ses états étaient de retour à l'hôpital : Grace avait de nouveau les jambes cassées.

Avant même d'entendre la version des parents, je savais que son cas impliquait autre chose qu'une simple dysplasie congénitale de la hanche.

La réponse se trouvait dans ses yeux. Les yeux humains ont ceci de particulier que la sclère (ce qu'on appelle le « blanc des yeux ») est visible, contrairement à ceux des autres espèces où elle est cachée par des plis de peau et le bord des orbites. Pour les dysmorphologistes, elle offre une autre occasion de comprendre ce qui se passe dans les gènes du patient.

La sclère de Grace était non pas blanche mais légèrement bleutée – et ce détail, allié à son histoire de fractures à répétition, laissait penser qu'elle souffrait d'une ostéogenèse imparfaite (OI). Communément appelée « maladie des os de verre », celle-ci est due à une anomalie génétique qui inhibe la production ou la qualité du collagène, protéine essentielle à la fabrication d'os sains et solides. Le manque de collagène qui rendait ses os si cassants donnait aussi une teinte bleutée à sa sclère. Et un coup d'œil à ses dents – dont le bout était translucide pour la même raison – m'a indiqué que j'étais sur la bonne voie.

Il n'y a pas si longtemps, il arrivait encore que les OI ne soient même pas diagnostiquées. Depuis quelques années, la maladie reçoit toutefois beaucoup plus d'attention. On le doit en particulier à un certain Robby Novak, mieux connu sous le nom de « Kid President », enfant adorable à tous égards qui appelle le monde à « arrêter d'être ennuyeux » dans des vidéos diffusées sur le Net et visionnées des millions de fois.

Robby, qui s'était déjà cassé les os plus de soixante-dix fois et avait subi treize opérations avant ses 10 ans, ne voulait pas particulièrement attirer l'attention sur sa maladie. C'est ce qu'il expliquait au printemps 2013 sur la chaîne CBS : « Je veux que tout le monde le sache : je ne suis pas l'enfant qui se casse toujours quelque chose, je suis juste l'enfant qui veut toujours s'amuser[1]. » Mais il va sans dire que son histoire a tout de même braqué les projecteurs sur l'OI et les traitements proposés à ceux qui en sont atteints.

On a aussi entendu parler de la maladie pour d'autres raisons – principalement parce qu'elle est désormais reconnue comme un facteur à prendre en compte dans les enquêtes relatives à la maltraitance infantile. Prenez par exemple ce couple de Britanniques, Amy Garland et Paul Crummey, accusés de maltraitance envers leur enfant parce qu'il présentait huit fractures aux bras et aux jambes peu après sa naissance. Suite à leur arrestation, on leur a interdit de voir leurs enfants sans surveillance. Le tribunal n'a pas privé le bébé de sa mère, qui l'allaitait encore, mais celle-ci s'est vue contrainte d'emménager dans un centre d'hébergement surveillé. La réalité rejoignait la télévision : l'autorité locale les a placés dans une maison où ils seraient filmés en permanence, comme dans les émissions de téléréalité[2].

Il a fallu attendre dix-huit mois avant que les travailleurs sociaux et les autres personnes impliquées ne se rendent compte de leur terrible erreur : le fils d'Amy et Paul n'était pas victime de maltraitance, mais bien d'une ostéogenèse imparfaite.

On peut comprendre que les radios d'un enfant souffrant d'OI soient prises pour une preuve de maltraitance : de telles images révèlent en effet des fractures multiples à divers stades de guérison. Mais étant donné le nombre de cas où travailleurs sociaux et médecins ont accusé à tort les parents, la plupart des tribunaux demandent aujourd'hui que la possibilité d'une OI soit prise en compte dans l'enquête.

Les dépistages sont donc de plus en plus courants. Cependant, écarter l'hypothèse de l'OI prend du temps, ce qui peut poser problème dans les cas présumés de violence. Contrairement à ce que laissent croire les téléfilms, décrypter l'ADN ne se résume pas à une simple visite au labo pour un petit examen au microscope. Comme il y a de nombreux facteurs susceptibles de rendre les os cassants, il peut se passer des semaines, voire des mois, avant que les recherches biochimiques et génétiques n'aboutissent. L'OI est donc mieux connue des autorités judiciaires mais, étant donné sa relative rareté (environ 400 cas par an aux États-Unis) comparée à l'épidémie de violence envers les enfants (plus de 100 000 cas avérés de maltraitance physique et quelque 1 500 morts par an[3]), de nombreux services préfèrent donner la priorité à la sécurité des enfants – au risque de le regretter plus tard.

Heureusement, rien dans l'histoire de Grace ne laissait soupçonner un cas de maltraitance. Nous avons donc pu nous concentrer immédiatement sur ce qui n'allait pas et, avec l'aide de ses nouveaux parents, chercher des explications et des solutions susceptibles d'offrir à Grace la vie heureuse qu'elle méritait.

Il n'y a pas si longtemps, nous ne pouvions pas faire grand-chose pour les OI dites non létales. Aujourd'hui, cette maladie reste grave, mais il suffit de voir Grace pour comprendre qu'elle n'est pas insurmontable.

Bien sûr, un seul type de thérapie suffit rarement à résoudre les problèmes complexes nés des profondeurs de nos gènes. Mais quand on trouve la bonne combinaison entre médicaments, kinésithérapie et interventions techno-médicales, il est possible d'obtenir de bons résultats. Cela aura été le cas de Grace qui, avec le soutien indéfectible de ses parents ainsi qu'une bonne dose de courage et de persévérance, est aujourd'hui devenue une petite fille robuste et aventureuse. À chaque fois qu'elle franchit une nouvelle étape, son expérience de vie façonne et défie son propre code génétique. Son histoire est un bel exemple du rôle décisif joué par l'environnement : c'est grâce à celui qu'ont créé pour elle ses parents adoptifs que la petite fille a pu développer un squelette plus solide.

Et si Grace a pu surmonter son destin génétique, nous en sommes également capables. Car bien que vous ne le sachiez sans doute pas, vos os aussi se cassent en permanence. Une petite lézarde par-ci, une petite fissure par-là : ils sont en perpétuelles déconstruction et reconstruction. C'est ainsi que le squelette se perfectionne.

Pour saisir le rôle de l'ADN dans ce processus de casse et de création permanent, il faut déjà comprendre comment fonctionnent les os. Loin de ce qu'on s'imagine d'ordinaire, ils ne sont ni denses ni morts ni semblables à de la pierre : le squelette est vivant et se reconstruit constamment pour répondre aux exigences changeantes de la vie. Ce remodelage est le résultat d'une bataille microscopique entre deux types de cellules, les ostéoclastes et les ostéoblastes, dont les relations rappellent celles des deux personnages du film d'animation *Les Mondes de Ralph.*

Les ostéoclastes, ce sont les Ralph La Casse du squelette : ils sont programmés pour détruire progressivement les os par un processus de dissolution. Les ostéoblastes sont pour leur part les Felix Fixe : il leur échoit la lourde tâche de réparer les os. On pourrait penser que supprimer les Ralph rendrait le squelette plus solide, mais il n'en est rien. Comme les personnages de ce film charmant finissent par le découvrir, l'un ne peut exister sans l'autre.

Le partenariat entre casseurs et réparateurs engendre un renouvellement complet de la structure squelettique tous les dix ans environ. Comme le forgeron qui ajoute l'acier couche après couche pour fabriquer une épée résistante, le cycle de régénération osseuse produit des squelettes totalement personnalisés, qui sont généralement capables de supporter une vie entière de marches, de courses et de sauts, de torsions, de tractions et de danse…

Bien sûr, un peu de calcium sera le bienvenu. Si vous aimez prendre un bol de céréales avec du lait au petit déjeuner, vous obtiendrez tous les matins la dose nécessaire.

À ce propos, vous devez connaître la marque fondée par William K. Kellogg. Son frère, le docteur John Harvey Kellogg, était un gourou de la santé qu'on qualifierait aujourd'hui d'excentrique (il croyait entre autres choses que les relations sexuelles, même monogames, étaient dangereuses).

Il a aussi été un pionnier dans la thérapie par vibration globale. Dans son fameux sanatorium, Kellogg tentait de soigner ses patients en les plaçant sur des fauteuils et des tabourets vibratoires. L'idée était en gros que les secousses chasseraient la maladie.

Un siècle plus tard, la thérapie vibratoire inspire souvent le scepticisme. De l'avis de certains experts médicaux, une exposition prolongée aux vibrations est même déconseillée chez la plupart des gens. Dans certains cas, cependant, les scientifiques se demandent si les vibrations ne pourraient pas inciter les ostéoclastes et les ostéoblastes à se mettre au travail. Voilà pourquoi cette thérapie, depuis longtemps rejetée comme fantaisiste, fait aujourd'hui l'objet d'études pour une utilisation sur les patients atteints d'ostéogenèse imparfaite. Et ces travaux, à leur tour, jettent un nouvel éclairage sur la thérapie par vibration dans les cas d'ostéoporose – maladie qui touche pour sa part des millions de personnes. À chaque fois, il s'agit d'orienter l'expression des gènes vers la construction d'os plus solides.

Même avec un héritage génétique parfait, des facteurs tels que la sédentarité, l'âge, une mauvaise alimentation ou des modifications hormonales peuvent mettre à mal l'équilibre subtil qui façonne la structure osseuse. Nous découvrons aujourd'hui que le système squelettique est sans pitié quand on se conduit mal.

Les mutations génétiques ne pardonnent pas non plus. Prenons l'exemple de la jeune Ali McKean. Elle souffre d'une maladie génétique rare qui transforme les cellules endothéliales (qui couvrent la surface interne des vaisseaux sanguins) en ostéoblastes (les Felix Fixe qui produisent les os). Autrement dit, ses cellules changent ses muscles en os, et c'est effectivement aussi terrible que ça en a l'air.

Harry Eastlack est l'une des plus célèbres victimes de cette maladie dénommée « fibrodysplasie ossifiante progressive» (FOP, couramment appelée «maladie de l'homme de pierre»). Son corps entama le processus de solidification à l'âge de 5 ans et, quand il mourut, à 39 ans, seules ses lèvres pouvaient encore bouger. Les chercheurs qui tentent de percer les mystères de cette maladie étudient encore son squelette, aujourd'hui exposé au Mutter Museum du Collège de médecins de Philadelphie.

Le syndrome de l'homme de pierre affecterait environ une personne sur 2 millions. Il s'aggrave avec les blessures. À chaque fois qu'Ali se fait une bosse ou un bleu, son corps réagit en envoyant des ostéoblastes à l'endroit du choc afin d'y fabriquer de l'os – et, malheureusement, la chirurgie destinée à ôter les excès osseux ne fait qu'empirer les choses.

Ces dernières années, les recherches sur la FOP ont pris un nouvel élan grâce à la découverte sur le gène ACVR1 de mutations responsables de la maladie[4]. Certaines d'entre elles entraîneraient un changement dans la composition des protéines codées par le gène ACVR1, qui est alors toujours activé. On a donc un processus qui s'emballe au lieu d'une formation osseuse normale qui survient uniquement au moment et à l'endroit où cela s'impose.

Cette découverte n'est qu'un début. Il reste encore du chemin à parcourir avant de pouvoir soigner Ali et tous ceux qui souffrent de cette maladie. Le dépistage précoce est capital. Il permet de prévenir les parents et les autres adultes chargés de l'enfant qu'il faut éviter autant que possible toute blessure.

Malheureusement pour Ali, sa FOP n'a été diagnostiquée qu'à l'âge de 5 ans. Imaginez tous les bleus et les bosses qu'un petit enfant peut se faire et vous aurez une idée des effets dévastateurs sur sa santé à long terme (sans compter toutes les interventions chirurgicales que les médecins lui ont infligées, sans savoir qu'ils lui faisaient plus de mal que de bien, alors qu'ils tentaient de comprendre ce qui se passait…)

On pense que la plupart des mutations du gène ACVR1 sont *de novo*, c'est-à-dire qu'elles n'existent pas chez les parents. Cela complique et rallonge encore le processus diagnostique puisqu'il n'y a généralement pas d'antécédents familiaux.

Mais il y avait pourtant un indice, aussi discret fût-il : c'était le gros orteil d'Ali, très court et recourbé vers les autres doigts de pieds[5]. Ce signe dysmorphique, associé aux symptômes de l'enfant, aurait pu mettre les médecins sur la voie[6].

Cela donne matière à penser : face à une pathologie génétique étonnamment complexe, l'approche la moins invasive et la moins sophistiquée – une observation attentive du gros orteil d'Ali – aurait sans doute été le meilleur moyen de diagnostiquer sa maladie.

Longtemps après la mort, les os conservent la trace d'une myriade d'expériences de vie affectées par les gènes. Le squelette de Harry Eastlack en donne une illustration frappante : les visiteurs du Mutter Museum peuvent très clairement voir comment la maladie a fusionné son squelette, telle l'araignée emprisonnant la mouche dans sa toile. Il existe toutefois d'autres exemples nettement plus subtils.

C'est le cas des ossements de l'équipage du *Mary Rose,* vaisseau amiral d'Henri VIII qui coula le 19 juillet 1545 dans un combat contre la flotte d'invasion française.

Même s'il existe de nombreux témoignages, nous ne connaissons pas encore les circonstances précises du naufrage et ne savons pas grand-chose des hommes qui se noyèrent au nord de l'île de Wight, dans le détroit de Solent. Un procédé scientifique moderne, l'analyse ostéologique, nous aidera toutefois à comprendre l'usage qu'ils faisaient de leur squelette. Les marins du *Mary Rose* nous ont en effet laissé un bel indice, à savoir une épaule gauche plus volumineuse[7].

Selon les chercheurs, le métier de marin exigeait un effort équivalent des deux bras à une exception près, le tir à l'arc. Sa pratique était obligatoire pour tous les matelots qualifiés de l'Angleterre des Tudor et le *Mary Rose* avait 250 arcs à son bord (dont beaucoup servaient, semble-t-il, à tirer des flèches embrasées sur les bateaux ennemis).

Les arcs du XVIIe siècle étaient très lourds comparés aux objets en carbone ultra-sophistiqués utilisés de nos jours en compétition. Et si bien des choses ont changé depuis le naufrage du *Mary Rose*, l'une d'entre elle est restée immuable : les droitiers portent leur arc de la main gauche[8].

Nous savons bien sûr que l'usage répété d'un seul bras provoque une asymétrie dans la forme, la taille et le tonus des muscles. Si vous jouez au tennis ou si vous regardez de près les tournois, vous avez sûrement déjà remarqué que le bras qui tient la raquette est nettement plus musclé que l'autre (le prodige gaucher du tennis, Rafael Nadal, l'illustre à merveille : son bras dominant semble appartenir à une version plus petite et moins verte de Hulk !)

Mais l'usage répété, la tension et la charge n'ont pas seulement pour effet de tonifier les muscles : ils déclenchent aussi le travail des ostéoclastes et des ostéoblastes, modifiant ainsi l'expression des gènes qui participent à la formation d'os plus solides. Par ce processus, un aspect de la vie personnelle s'inscrit dans les os et traverse les siècles avec eux.

Mais inutile de remonter le temps pour voir la flexibilité squelettique à l'œuvre : une rame de métro au beau milieu de l'été, quand tout le monde porte des sandales, vous offrira un poste d'observation idéal, les oignons sur les pieds étant le résultat du même phénomène. Cependant, si vous en avez un ou si cela vous arrive un jour, ne maudissez pas vos os : les pauvres ne font que répondre aux contraintes des chaussures auxquelles on les a soumis, sans parler des malheureuses prédispositions génétiques qui semblent rendre vulnérable à ce genre de désagréments[9]. Ne culpabilisez pas non plus, mais prenez-le plutôt comme l'occasion – sans doute unique dans votre vie – de maudire à la fois vos parents et les chaussures à la mode.

Comme nous l'avons vu, quasiment tout le monde, quelles que soient ses prédispositions génétiques, hérite des gènes qui rendent le squelette malléable. Et parmi tous les cas où le comportement modifie l'ossature, il en est un qui concerne directement nos enfants. Depuis des années, on observe chez les élèves du primaire une altération préjudiciable des courbures de la colonne vertébrale, les écoliers payant le prix de leurs cartables trop chargés[10]. L'attention accrue portée à ce problème a toutefois poussé de nombreux parents à investir dans des cartables à roulettes.

Bien sûr, beaucoup d'enfants rechignent à se rendre à l'école munis d'un tel bagage. « Ça craint », comme dirait le fils collégien d'un ami. La solution à ce problème – une trottinette pliable qui se transforme en sac à dos à roulettes – s'est donc transformée en mine d'or pour ses inventeurs. Deux ans après le lancement du produit sur Internet, l'entreprise Glyde Gear croulait tellement sous la demande qu'elle a dû interrompre momentanément les prises de commandes.

Cependant, les bonnes idées ont aussi leurs revers. Si les cartables traditionnels étaient préjudiciables à la posture des enfants, les sacs à roulettes augmentent les risques de trébuchement et sont un cauchemar pour les services de maintenance parce qu'ils éraflent les sols et cabossent les murs.

Malheureusement, cette vérité s'applique aussi à la médecine : comme nous allons le voir, une solution à un problème en crée souvent de nouveaux, qui nécessitent à leur tour de nouvelles solutions…

C'est ce qui s'est passé au milieu des années 2000 aux États-Unis, quand l'Institut national pour la santé et le développement des enfants a lancé sa campagne « Au dodo » (*Back to sleep)*. Grâce à cette initiative réussie, le pourcentage de parents couchant leurs bébés sur le dos a fait un bond formidable, passant de 10 % il y a quelques années à 70 % aujourd'hui.

La campagne faisait suite aux recommandations de l'Académie américaine de pédiatrie. Celle-ci souhaitait changer les habitudes du coucher pour prévenir la mort subite du nourrisson, qui touchait alors 1 enfant sur 1 000.

Dix ans après le lancement de la campagne, le taux de mort subite du nourrisson avait diminué de moitié. Mais, comme toujours avec les innovations médicales, le succès a donné lieu à un problème imprévu. Dans ce cas, heureusement, c'était plutôt bénin : les bébés qui dorment sur le dos, à un âge où les plaques osseuses de la tête ne sont pas totalement formées et fusionnées, présentent plus souvent de légères déformations crâniennes. Alors que le coucher sur le dos devenait la norme, le nombre de bébés avec l'arrière du crâne aplati a donc quintuplé[11].

Le terme technique est « plagiocéphalie positionnelle ». En général, ce n'est pas bien grave. Mais, étant donné l'obsession croissante pour la perfection physique dans notre société, de nombreux parents font appel à des orthésistes (spécialistes des appareillages externes destinés à modifier les caractéristiques fonctionnelles ou structurelles des os et des muscles) pour corriger la déformation grâce un objet appelé « casque de remodelage crânien ». Ces cas de plagiocéphalie positionnelle montrent que le corps ne se développe pas en vase clos : il peut au contraire être incité à se modifier de façon permanente en réaction aux circonstances de la vie.

J'ai vu pour la première fois ce genre de casque il y a une dizaine d'années de cela, alors que je traversais Central Park. Je ne savais absolument pas à quoi ils servaient à l'époque, et j'ai donc cru qu'affubler son bébé d'un casque pour une promenade en poussette était la dernière lubie des parents obnubilés par la sécurité de leurs enfants.

J'allais finalement combler mes lacunes : le but du casque est de remodeler le crâne en supprimant la pression qui s'exerce sur la partie plate de façon à favoriser sa croissance. L'appareil est surtout efficace chez les bébés âgés de 4 à 8 mois, il doit être porté vingt-trois heures par jour et ajusté toutes les deux semaines. Il peut coûter jusqu'à 2000 dollars et n'est généralement pas pris en charge par les mutuelles.

Cependant, comme le montrent des études récentes, la tête d'un enfant est suffisamment malléable pour que les parents obtiennent une amélioration significative avec de simples exercices d'étirement et l'emploi d'oreillers adaptés[12].

Quoi qu'il en soit, l'important à long terme n'est pas la forme, mais la solidité. Or, notre espèce n'est pas la plus stable ni la plus agile dans ses déplacements et, vu l'importance et la relative fragilité du cerveau, il s'avère essentiel de préserver l'intégrité du crâne.

Ajoutons que la solidité ne provient pas seulement de la dureté du matériau. Quand il s'agit des os ou du génome, la véritable force réside dans la flexibilité. Voilà pourquoi je voudrais vous parler du *David* de Michel-Ange.

C'était un peu comme entrer dans une photographie d'Edward Buttynski.

Le fameux photographe de paysages industriels s'est beaucoup intéressé aux carrières de Carrare, en Italie, où est extrait un marbre aux teintes bleutées que les constructeurs et les sculpteurs du monde entier affectionnent.

Il y a quelques années, lors d'un voyage dans les Appenins, j'ai découvert par hasard l'un de ces lieux. L'audace de l'entreprise m'a émerveillé. D'énormes tracteurs progressaient lentement sur d'étroites routes de montagne, emportant des blocs de marbre gros comme des camionnettes vers les centres de traitement de la Toscane voisine. De là, ils seraient envoyés par voie aérienne, maritime ou ferroviaire aux quatre coins du monde.

Le marbre est le résultat d'une métamorphose de roches carbonatées formées il y a plusieurs millions d'années par le dépôt de coquillages dans les fonds marins. Ces sédiments ont fini par se transformer en calcaire et, après des millénaires et des millénaires de chaleur et de pression tectonique, ils sont aujourd'hui extraits de la terre sur des sites comme les carrières de Carrare.

Le marbre de Carrare est une pierre relativement tendre et facile à travailler, donc très appréciée des sculpteurs et des artisans. Il est également très solide, ce qui explique pourquoi des sculptures comme le *David* de Michel-Ange ont pu rester intactes pendant plus de cinq cent ans.

Ou du moins à peu près intactes, car il s'avère que David a de mauvaises chevilles. Au fil des ans, les vibrations produites par les millions de touristes qui arpentent la Galleria dell'Accademia de Florence ont mis à mal la stabilité de la statue. En un sens, la force du *David* est aussi sa faiblesse : la rigidité de son marbre augmente les risques de fissures.

Ce serait également notre lot si nous n'avions pas un squelette capable de se régénérer, ni des gènes codant pour des protéines comme le collagène qui lui donnent sa structure.

Chez l'être humain, la production de collagène dépend de l'ADN et s'adapte aux exigences de la vie. Nos chevilles, contrairement à celles du *David*, guérissent des entorses grâce à une augmentation de la production de collagène rendue possible par l'expression génétique. Parmi les cinq formes existantes, le type 1 est le plus abondant : il représente plus de 90 % du collagène de notre corps. Également présent dans les parois artérielles, il donne à ces dernières la plasticité nécessaire pour ne pas rompre à chaque fois que le cœur se contracte en éjectant le sang hors du ventricule.

S'il y a un endroit où l'affaiblissement et la perte de résistance du collagène sont bien visibles, c'est sur la peau du visage, à laquelle il donne sa structure. Le collagène est donc surtout connu pour être la substance que l'on se fait injecter dans les joues dans l'espoir d'avoir l'air plus jeune.

C'est d'ailleurs un bon point de départ pour comprendre son rôle en tant que protéine responsable du maintien de la structure. Après tout, personne ne l'utiliserait pour rendre les joues plus rebondies et les lèvres plus pulpeuses s'il n'était pas capable de conserver les formes.

Le mot collagène est issu du grec ancien *kolla*, « colle ». Avant l'arrivée des colles industrielles que nous connaissons aujourd'hui, la plupart des gens devaient faire avec les moyens du bord. Ils fabriquaient donc leur colle à partir de peaux et de tendons d'animaux bouillis, leur richesse en collagène assurant une bonne adhérence (d'où l'expression anglaise « envoyer les chevaux à la fabrique de colle »).

Le boyau de chat qui sert à fabriquer les cordes des instruments de musique se compose lui aussi du collagène issu de l'intestin des chèvres, des moutons ou des vaches (et non pas des chats comme son nom le suggère). Il a longtemps été employé dans la production des cordes de raquettes de tennis ; il fallait environ trois vaches pour confectionner une seule raquette. C'est sa résistance à la traction, due au collagène présent dans la sérosité des intestins, qui rend le boyau si précieux. La résistance à la traction définit le degré auquel un matériau peut être tiré ou déformé avant de céder.

C'est la même substance qui rend certains aliments agréables à mâcher. Les amateurs de saucisses seront ravis d'apprendre que tous les ingrédients sont maintenus ensemble par la seule force du collagène. Et comme le savent les végétariens, les bonbons gélifiés doivent leur consistance à la gélatine, elle aussi dérivée du collagène. Plus de 350 millions de kilos de gélatine sont produits tous les ans. Ils finissent dans nos maisons et nos ventres en empruntant différents chemins : tartelettes à la fraise, gélules de vitamines et même certains jus de pomme…

De la raquette frappant la balle à la joue pincée affectueusement en passant par les bonbons oursons, ce phénomène d'élasticité par lequel l'objet retrouve sa forme initiale est entièrement dû au collagène.

La meilleure preuve que la flexibilité est une force nous est fournie par l'arapaïma, poisson d'eau douce de deux mètres de long qui fait partie des rares animaux capables de vivre sans souci dans des eaux infestées de piranhas. Il le doit à des gènes impliqués dans la formation d'écailles riches en collagène qui ne cèdent pas sous la pression des objets contondants. Une équipe de chercheurs de l'université de San Diego, en Californie, voit dans l'arapaïma[13] – qui n'a pas beaucoup évolué en treize millions d'années – un excellent modèle pour la fabrication de vêtements pare-balles en céramique flexible. C'est l'un des nombreux exemples montrant combien l'observation du monde naturel est utile pour trouver des solutions aux problèmes de la vie moderne[14].

Vous vous demandez quel est le rapport avec la génétique ? Sachez qu'à défaut de flexibilité, le génome ne peut produire des os capables de résister au tumulte de la vie. Et comme nous l'avons vu avec Grace, Ali et Harry, il ne faut pas grand-chose pour semer la zizanie dans ce délicat mécanisme.

De fait, une seule lettre suffit.

Le code génétique humain se compose de milliards de nucléotides – adénosine, thymine, cytosine et guanine, abrégées en A, T, C et G – distribués selon un ordre précis.

Dans la zone où est normalement codée la production de collagène (au niveau du gène COL1A1[15]), le code se lit généralement comme suit : G A A T C C – C C T – G G T.

Mais une mutation aléatoire peut le transformer en : G A A T C C – C C T – **T** G T.

Il n'en faut pas plus pour que la production de collagène soit perturbée. Une erreur sur une lettre et, au lieu d'avoir un squelette solide et flexible, on se retrouve avec des os durs comme le marbre ou cassants comme la porcelaine…

Si vous vous demandez comment une seule lettre peut produire de tels effets*, imaginez que vous écoutez la fameuse *Lettre à Élise* de Beethoven. Le morceau commence comme d'habitude mais, à la dixième note, la pianiste se trompe. Pas de beaucoup, juste un petit peu. Pourriez-vous l'entendre ? S'agirait-il toujours du même morceau ? Et si vous étiez un producteur enregistrant l'interprétation pour la postérité, choisiriez-vous d'ignorer la fausse note ?

Beethoven est un compositeur brillant, ses œuvres sont incroyablement sophistiquées mais, comparées à notre code génétique, même ses plus grands chefs-d'œuvre ne sont pas plus compliqués qu'*Au clair de la lune*.

* Dans l'exemple donné, le changement de nucléotide s'est avéré mortel, provoquant une forme létale d'ostéogenèse imparfaite.

Notre code est une sorte d'escalier fait de millions et de millions de marches. Si la première est légèrement de guingois, tout le reste ira de travers.

En fait, nous sommes tous passés à deux doigts (à une lettre, plus exactement) de la maladie génétique grave. Mais, comme le prouve le cas de Grace, cela ne signifie pas pour autant que nous soyons totalement démunis. Nous allons maintenant voir en détail pourquoi s'extraire de son canapé est encore plus important qu'on ne le dit.

Ce que l'on n'utilise pas se perd, et de surcroît assez rapidement.

De même que les entreprises choisissent la stratégie du «juste-à-temps» pour lier la production à la demande en temps réel, ou presque, l'espèce humaine a évolué génétiquement de façon à réduire au minimum le coût de la vie, diminuant les stocks inutilisés et produisant en masse ceux dont on a besoin sur le moment.

C'est l'une des explications possibles au fait que les personnes âgées obèses soient moins prédisposées aux fractures que les autres. Elles ressemblent aux anciens archers habitués à porter un poids supplémentaire : la contrainte imposée à leur squelette stimule les ostéoclastes et les ostéoblastes, provoquant ainsi une accélération du cycle de casse et de réparation qui contribue à rendre leurs os plus solides.

Inversement, nous savons que les nageurs, dont les efforts s'exercent dans un environnement où la gravité est réduite, présentent une densité minérale du col du fémur plus faible que celle des athlètes impliqués dans le port de poids[16]. C'est sans doute dû au fait que, malgré leur entraînement cardio-vasculaire incroyablement bénéfique, ils n'imposent pas à leur squelette les mêmes contraintes que les coureurs ou les haltérophiles.

Un autre exemple nous est offert à chaque fois qu'un astronaute rentre d'un long séjour dans la Station spatiale internationale. Ainsi, quand la capsule spatiale Soyouz transportant à son bord l'Américain Don Pettit, le Russe Oleg Kononenko et le Néerlandais André Kuipers a atterri au sud du Kazakhstan, en juillet 2012, les trois hommes ont dû être installés dans des fauteuils inclinables spéciaux pour les photos de presse[17]. Au bout de 193 jours passés à nager en apesanteur, la solidité de leur squelette était déjà entamée.

En un sens, les astronautes ressemblent aux femmes âgées atteintes d'ostéoporose. Les soins médicaux qu'ils reçoivent sont d'ailleurs similaires. Le traitement de l'ostéoporose repose principalement sur des biphosphonates tels que le zolédronate et l'alendronate (substances qui incitent les ostéoclastes à s'autodétruire au lieu de casser les os). Or, on a récemment découvert que ces médicaments aidaient également les astronautes et les gens atteints d'ostéogenèse imparfaite à maintenir leurs os en meilleur état[18]. Sachant que des entreprises privées cherchent déjà des volontaires pour une première mission humaine sur Mars et que ce voyage implique au moins dix-sept mois en apesanteur –, ces médicaments s'avéreront sans doute indispensables.

Mais avant que vous ne vous portiez candidat, il me faut apporter quelques précisions : si les biphosphonates réduisent effectivement les risques de fractures là où elles sont les plus fréquentes au troisième âge, à savoir sur le col du fémur, elles rendent aussi plus vulnérable aux fractures de la diaphyse fémorale.

Pourquoi ? Parce que les médicaments sont trop efficaces. En figeant le squelette, en interrompant le renouvellement et le remodelage osseux, ils rendent certains os plus fragiles, à l'instar des chevilles du *David.*

Je suis toujours ébahi devant l'incroyable diversité des effets produits par d'infimes variations du code génétique ou de son expression. Comme nous venons de le voir, il suffit d'une lettre différente parmi les milliards qui composent le génome pour se retrouver avec des os qui cassent à la moindre pression. Une petite altération dans l'un des gènes, et le cours de la vie change du tout au tout.

Et même sans gène défectueux, rester trop longtemps au lit, ne pas faire assez d'exercice, mal manger, échapper à la gravité ou tout simplement vivre assez longtemps pour vieillir suffit à instaurer les conditions idéales pour de tels problèmes squelettiques. Heureusement, de plus en plus de solutions s'offrent à nous. Elles comprennent tout un arsenal de médicaments, l'exercice des articulations portantes et peut-être aussi la thérapie vibratoire. Nous sommes donc loin d'être impuissants. Que la vulnérabilité soit due aux gènes, au mode de vie ou à une combinaison de ces deux facteurs, il y a beaucoup de choses à faire – en prévention ou en traitement – pour rendre nos os moins sujets aux fractures.

Connaître les mécanismes biologiques à l'œuvre dans l'affaiblissement des os nous aidera aussi à comprendre comment les maintenir en bon état, ce qui permettra de faire des choix avisés en s'orientant vers des activités et un mode de vie propices à la formation d'un squelette solide.

Pour ce faire, nous devons découvrir tous les fondements génétiques du fonctionnement osseux. En étudiant Grace et les autres personnes dont l'ADN rend les os cassants, nous accélérons la mise au point de nouveaux traitements pour des maladies nettement plus courantes telles que l'ostéoporose.

En génétique, les cas rares renseignent sur les cas courants.

Grace et des millions de héros méconnus nous font ainsi le cadeau d'un trésor génétique incroyablement précieux.

CHAPITRE 5

NOURRIR LES GÈNES

Ce que les végétariens, nos ancêtres et nos microbiotes nous apprennent de la nutrition

C'est tout habillé que je m'étais endormi, comme cela m'arrive parfois quand le service à l'hôpital a été particulièrement long. Le retour à la maison me prend alors le peu d'énergie qu'il me reste, je monte l'escalier pour aller m'effondrer sur le lit… et mettre un pyjama est alors un luxe impossible.

Je m'étais écroulé sur les couvertures peu après minuit et, quand mon *pager* s'est mis à vrombir sur la table de chevet, j'aurais juré qu'à peine cinq minutes s'étaient écoulées.

Le visage enfoui dans l'oreiller, j'ai tendu la main vers la maudite petite boîte noire. Après avoir vainement tâtonné, j'ai ouvert les yeux à contrecœur au moment précis où les chiffres bleuâtres du radioréveil passaient de 03:36 à 03:37.

« Trois heures et demie », me suis-je dit, essayant déjà de calculer le degré d'éveil que m'assurerait cette demi-nuit de sommeil. Ce n'était déjà pas si mal.

Quelques messages matinaux de ce genre, et on a vite fait de mémoriser les numéros : 175075 est le service des urgences, 177368, celui des hospitalisations. Et 0000, celui qui s'affichait, signifie qu'un correspondant extérieur est en ligne et désire nous parler.

La difficulté avec ce genre d'appels, c'est qu'on ne sait jamais à quoi s'attendre. Ce sont parfois des parents soucieux, qui savent déjà que leur enfant souffre d'une maladie génétique rare mais sont désemparés face à l'apparition de nouveaux symptômes. D'autres fois, c'est un médecin rattaché à un autre hôpital qui vient d'examiner un patient et a besoin de conseils. Dans certains cas, enfin, c'est l'appel honni de tous les médecins où l'on apprend que l'état d'un patient s'aggrave.

Muni de mon *pager*, j'ai essayé de sortir du lit sans réveiller ma femme qui dormait paisiblement près de moi. Je suis sorti de la chambre à pas de loup et j'ai délicatement fermé la porte en jetant un coup d'œil à travers la fente. Aucun gémissement, aucun mouvement, elle dormait toujours à poings fermés.

Victoire ! Je suis un *ninja* de la nuit.

J'ai pressé la touche de rappel. Le 0000 tant redouté me dévisageait, pareil aux yeux de deux petits hiboux, les chiffres bleus jetant leur lumière dans le couloir obscur. J'ai composé le numéro.

— Standard de l'hôpital, j'écoute.

— C'est le docteur Moalem. J'appelle pour...

— Merci de répondre. Je vous transfère.

Il y a eu un léger bip, puis un torrent de mots.

— Docteur Moalem ? Je suis désolée, il est tard... ou tôt, je ne sais plus, mais je suis vraiment navrée de vous déranger. C'est pour ma fille, Cindy. Elle a de la fièvre depuis quelques heures et je m'inquiète parce qu'elle n'a pas beaucoup mangé aujourd'hui.

Une mère un peu trop anxieuse ? Non, je savais que l'hôpital ne m'aurait pas transmis l'appel s'il n'y avait pas eu autre chose.

Elle s'est tue un instant. Je n'ai pas brisé le silence, la laissant poursuivre.

— Ah oui, j'ai oublié de vous dire que ma fille avait un déficit en OCT.

Voilà ce que j'attendais. Le déficit en ornithine carbamyl transférase, ou OCT, est une maladie génétique rare qui touche environ 1 personne sur 80 000. Elle affecte la capacité de l'organisme à transformer l'ammoniac en urée, laquelle est en temps normal rapidement expulsée via l'urine.

Ce processus, appelé cycle de l'urée, a lieu principalement dans le foie et dans une moindre mesure dans les reins – c'est une sorte de baromètre de l'état métabolique général. Quand il fonctionne bien, le corps métabolise correctement les protéines mais, dans le cas contraire, il se charge d'ammoniaque – ce qui est loin d'être bénin.

Comme dans un centre de traitement des déchets toxiques, plus la demande métabolique est importante, plus la production de déchets ammoniaqués augmente. C'est précisément ce qui se produit quand on a de la fièvre. Pour chaque degré Celsius en plus, le nombre de calories brûlées augmente d'environ 12 %. La plupart des individus peuvent faire face à cette hausse de la demande pendant un certain temps. En fait, en cas de maladie, une petite fièvre est même généralement plutôt bénéfique : elle augmente la température du corps de façon à rendre la vie difficile à certains microbes, ralentissant ainsi leur développement pour donner à l'organisme une chance de les vaincre.

Mais pour les gens comme Cindy, dont les systèmes sont déjà dans un équilibre précaire, une petite fièvre peut rapidement mal tourner. Le système nerveux est assez sensible aux hausses du taux d'ammoniac et aux baisses du taux de glucose, ce dernier servant de combustible. Si elle n'est pas surveillée, cette situation métabolique peut conduire à une insuffisance organique qui risque à son tour de provoquer le coma.

Autrement dit, la mère de Cindy avait de bonnes raisons de s'inquiéter. Et, pour ma part, j'avais une bonne raison de sortir du lit.

J'ai donc pris mon ordinateur portable et tapé le mot de passe pour me connecter à distance au réseau de l'hôpital. Étant donné les antécédents de Cindy – hospitalisée plusieurs fois au cours des années précédentes –, il paraissait évident qu'elle devait être transférée aux urgences.

Heureusement, sa famille n'habitait pas loin.

Moi non plus, d'ailleurs. Les médecins de garde qui décident de vivre à plus de quelques minutes de l'hôpital finissent souvent par le regretter. J'ai fourré quelques affaires dans mon sac, m'estimant chanceux de ne pas devoir retourner dans la chambre pour enfiler des vêtements (car, en vérité, je n'ai rien du *ninja* et suis plutôt maladroit et bruyant dans le noir). Ce matin-là, au moins, ma femme pourrait rester tranquillement endormie dans son lit douillet.

J'ai pris une banane sur le bar de la cuisine avant de sortir. Il n'était pas encore 4 heures, mais j'étais parfaitement éveillé.

Alors que je mangeais ma banane au volant, je me suis dit que c'était un privilège de ne pas avoir à trop se soucier de son alimentation. Comme la plupart des gens, j'essaie de limiter le sucre et les graisses. Et en de rares occasions, quand j'ai assez d'audace gastronomique et de capacités mathématiques, j'essaie d'équilibrer petit déjeuner, déjeuner et dîner de façon à obtenir 100 % des vingt et une vitamines et minéraux recommandés par les autorités sanitaires. Tentez l'expérience, et vous verrez que c'est bien plus difficile que cela n'en a l'air.

Mais à vrai dire, un régime exclusivement fondé sur ces recommandations ne convient parfaitement qu'à une poignée de personnes. En fait, il est très peu probable (les chances de gagner au loto sont plus élevées) que les recommandations et pourcentages indiqués sur les emballages correspondent exactement à vos besoins personnels. Ces chiffres reposent en effet sur une estimation approximative de l'apport en calories, vitamines et minéraux nécessaire à la majorité des gens en bonne santé âgés de plus de 4 ans. Or « majorité » signifiant « 50 % plus une personne », ces directives sont infondées pour une immense minorité de la population.

En réalité, chaque individu a des besoins différents. La majorité des petits garçons de 4 ans (pour qui 275 microgrammes de vitamine A par jour sont généralement suffisants) n'a rien à voir avec la majorité des femmes enceintes âgées de 32 ans (pour qui un apport trois fois plus élevé en vitamine A est généralement nécessaire). Même deux personnes dont le sexe, l'âge, l'origine ethnique, la taille, le poids et l'état de santé général sont identiques auront probablement des besoins très différents en calcium, fer, acide folique et autres nutriments. On appelle « nutrigénomique » l'étude du rôle joué par l'hérédité dans les besoins diététiques de chacun.

Dans le premier chapitre, je vous avais parlé de Jeff, le restaurateur atteint d'intolérance héréditaire au fructose (IHF). Son cas est relativement rare, mais tout le monde gagnerait à connaître son propre génome. Parmi les millions de personnes à qui les gènes imposent un régime spécifique, nombreux sont ceux qui voient dans la nourriture un ennemi : les menus de restaurants se transforment alors en champs de mines, et les listes de courses, en casse-tête.

Peut-être vous rappelez-vous que l'IHF oblige les gens comme Jeff à concocter des repas sans fruits et légumes (ni fructose, sucrose ou sorbitol, substances souvent ajoutées aux produits préparés). Le déficit en OCT de Cindy impose quant à lui un régime opposé. Les gens légèrement atteints vivent souvent avec la maladie sans jamais s'en apercevoir. Beaucoup diront ne pas se sentir très bien après avoir mangé de la viande, et éviteront donc les repas trop protéinés tout au long de leur vie. D'un point de vue génétique, ils sont en fait bien mieux lotis que les végétariens ou les végétaliens, car ils supportent mieux de faibles apports en protéines.

En fait, c'est un peu comme la politique. S'il existe une large variété de points de vue, de l'anarchisme au totalitarisme, la grande majorité des gens se positionne quelque part entre ces deux extrêmes. Pour la plupart, nous sommes capables de tolérer beaucoup d'idées avec lesquelles nous ne sommes pas tout à fait d'accord, mais certaines – la suppression du suffrage universel, par exemple – sont tout bonnement inacceptables à nos yeux. De même, il existe toutes sortes de régimes possibles, et l'organisme est généralement capable de digérer la plupart des aliments, mais il arrive parfois que certains soient totalement incompatibles avec notre bagage génétique.

Rares sont ceux qui tentent de comprendre les fondements profonds de leurs opinions politiques ou de leurs croyances. De la même façon, il y a de fortes chances pour que votre corps n'aime pas certains aliments sans que vous puissiez expliquer pourquoi.

Mais les mentalités évoluent. Depuis quelques années, les gens qui soupçonnent un lien entre leurs problèmes de santé et l'alimentation peuvent faire un premier pas en suivant des régimes d'exclusion. Il s'agit de réduire la diversité des produits consommés, puis de réintroduire progressivement les aliments possiblement néfastes en observant leurs effets. L'équivalent éducatif serait un cours d'introduction à la philosophie politique qui se proposerait d'évaluer et de présenter l'histoire d'une large gamme d'idées sociales et gouvernementales.

Seulement, ce n'est pas si simple.

Aujourd'hui, bon nombre de personnes se sont résignées à manger comme les médecins l'ont longtemps conseillé : supprimer ceci et manger cela tous les jours, ceci à l'occasion et cela rarement. Et pour la plupart d'entre nous, cela représente déjà un bon début.

De même que nos opinions politiques sont souvent à l'image de notre héritage régional et culturel, les habitudes culinaires reflétaient autrefois l'héritage génétique*.

Pour la plupart des personnes originaires d'Asie, par exemple, le lait et les laitages ne sont pas seulement désagréables au palais, mais également peu digestes. Si vos ancêtres élevaient des animaux pour leur lait**, vos gènes ont très probablement conservé les mutations qui permettent de produire après la petite enfance l'enzyme nécessaire à la dégradation du lactose (l'un des glucides naturellement présents dans le lait). Dans d'autres parties du monde, en revanche, là où les laitages sont traditionnellement absents, l'intolérance au lactose chez les adultes est nettement plus courante.

Malgré cela, la consommation de laitages en Chine a considérablement augmenté pendant la dernière décennie. On note toutefois, sans surprise, que les Chinois ont tendance à préférer les fromages à pâte dure ou des produits locaux comme le *rubing* (délicieux fromage de chèvre produit dans la province du Yunnan, assez semblable au *halloumi* méditerranéen). C'est tout simplement parce que

---

* Même si l'on sait ce que nos ancêtres mangeaient, il ne faut pas oublier que leur régime serait sans doute trop riche aujourd'hui, dans notre société où l'exercice physique est moins important.

** Si vous êtes d'origine africaine ou européenne, il y a de fortes chances pour que ce soit le cas.

les fromages à pâte dure sont généralement moins riches en lactose que les pâtes molles[1].

En un sens, manger comme le faisaient nos ancêtres proches suit une logique similaire à l'utilisation des antécédents familiaux pour déterminer les risques de santé d'un patient. Pour les personnes issues du brassage de plusieurs ethnies, cela donne une fusion génétique et culinaire intéressante, mais des indices moins clairs, et donc un peu frustrants. C'est le lot de bon nombre d'Américains, le melting-pot ayant brassé toutes sortes de populations aux États-Unis. La plupart des Hispaniques sont par exemple issus d'une myriade d'ethnies différentes. Dans ce cas, la présence d'une intolérance au lactose dépendra des hasards de la transmission héréditaire.

Mais que l'on soit issu de seize ethnies différentes ou d'une seule, la globalisation des goûts dans notre société augmente les risques d'écarts par rapport à nos réels besoins nutritionnels. Dans les pays développés, la moindre épicerie de village propose une sélection de viandes, de fruits et de céréales totalement inconnus de nos ancêtres proches.

Pour ma part, suivre les pas de mes aïeux signifie que je peux manger un bol de gnocchis de semoule fourrés aux noix et aux dattes avec l'assurance que tout sera parfaitement digéré. Évidemment, votre propre recherche culinaire aboutira sans doute à autre chose. Si vous n'avez pas récemment essayé de modifier votre alimentation, c'est le moment idéal pour vous asseoir à la table de vos ancêtres. Cependant, n'oubliez pas que nos vies sont plus sédentaires : il faudra donc vous servir une assiette plus petite que la leur.

Même avec de la persévérance, changer ses habitudes alimentaires n'est pas facile. Les études montrent que les chances de réussite augmentent si l'on combine éducation théorique et travaux pratiques en proposant par exemple des ateliers « cuisine et dégustation » (il ne s'agit donc pas simplement de conduire le cheval à l'abreuvoir, mais de lui montrer combien l'eau peut être bonne et rafraîchissante)[2].

La grande source de motivation est bien sûr le désir, omniprésent dans notre société, de vivre plus longtemps et en bonne santé. C'est précisément ce qui a poussé Bill Clinton à modifier son alimentation il y a quelques années de cela.

L'ancien président avait déjà subi deux opérations du cœur, et les problèmes cardiaques étaient fréquents dans sa famille. Lui qui n'avait jamais fait attention à ce qu'il mangeait a donc finalement décidé, en 2010, d'introduire de grands changements dans sa vie, et notamment d'adopter un régime presque entièrement végétalien[3]. Il faut parfois y être contraint, comme Clinton, pour réussir à modifier son mode de vie et transformer radicalement ses habitudes alimentaires. Même avec de la motivation, l'accessibilité et le prix des aliments sains peuvent constituer un obstacle de taille. Cependant, les efforts à fournir en valent largement la peine.

Pour résumer ce que nous avons appris jusqu'ici, disons qu'il faut se procurer des aliments de qualité, manger comme le faisaient nos ancêtres proches (mais pas autant qu'eux), faire de l'exercice et, enfin, se mettre à l'écoute de son corps pour sentir que l'on est sur la bonne voie.

Si seulement c'était aussi simple… Hélas, suivre le même régime que ses aïeux n'est pas la panacée pour tout le monde. Chaque patrimoine génétique est unique. Comme nous l'avons vu avec Jeff le chef et la petite Cindy, oublier les spécificités génétiques individuelles peut même s'avérer mortel. Chacun devrait donc suivre un régime adapté à son propre génome.

La question n'est d'ailleurs pas nouvelle : nos ancêtres matelots n'auraient eu aucun mal à comprendre ce dont je veux parler.

Les marins d'autrefois étaient souvent victimes du scorbut. Causée par le manque de fruits et légumes frais à bord des bateaux, la maladie provoquait des saignements aux gencives et de nombreuses ecchymoses. Avant l'arrivée des réfrigérateurs, les marins ne pouvaient rien espérer de mieux que de la viande en saumure ou séchée accompagnée de pain sec. Ces hommes qui restaient de longs mois en mer souffraient donc de carences sévères. Mais, curieusement, certains d'entre eux semblaient relativement épargnés.

Nous savons maintenant que le citron est riche en vitamine C et que, chez la plupart des gens, il permet d'éviter les carences dont ces marins souffraient. À l'époque, ces derniers avaient simplement remarqué que manger du citron permettait de garder toutes ses dents et de se protéger contre les autres symptômes du scorbut.

Il est intéressant de noter que les rats étaient épargnés, de même que les chats souvent présents à bord pour leur faire la guerre. Pourquoi ces animaux ne perdaient-ils pas eux aussi leurs dents ?

La plupart de nos cousins mammifères disposent d'un gène qui leur permet de produire naturellement la vitamine C. Mais l'être humain (de même que le cochon d'Inde !) souffre d'un défaut métabolique héréditaire, une mutation qui l'empêche de faire la même chose. Nous sommes donc entièrement tributaires de l'alimentation pour obtenir notre ration quotidienne de vitamine C.

Quelques petits groupes de marins connaissaient déjà les vertus du citron depuis belle lurette, mais il a fallu attendre la fin du XVIIIe siècle pour que l'amirauté britannique, encouragée par un médecin écossais du nom de Gilbert Blane, introduise le jus de citron dans le régime des marins en vue de lutter contre le scorbut. À leur retour des territoires caribéens de l'Empire britannique, les navires étaient donc chargés de citrons verts (*lime*, en anglais), fruits qui poussaient en abondance dans ces régions. C'est de là que provient le surnom *limeys* dont les Américains affublent aujourd'hui encore les Britanniques[4].

Par mesure d'économie, les autorités ont ensuite cherché à déterminer la quantité minimum d'agrumes nécessaire pour préserver la santé des marins. Il s'agissait là des tout débuts de la diététique, science qui, aujourd'hui encore, se fonde sur l'idée qu'on peut définir mathématiquement un régime alimentaire sain. C'est de là que proviennent les « apports quotidiens recommandés » qui servent à déterminer – au gramme, milligramme ou microgramme près – les rations d'aliments dont nous avons besoin pour vivre longtemps en bonne santé. La plupart de ces chiffres correspondent aux besoins de l'homme moyen en cas de carence significative, non pas à la dose optimale pour chaque personne prise individuellement.

Voilà pourquoi tout le monde n'a pas les mêmes besoins en vitamine C. En fait, si l'on veut déterminer la dose idéale pour chaque individu, on n'a pas d'autre choix que d'observer ses gènes. Une étude a ainsi montré que des variations sur le gène transporteur SLC23A1 affectaient le taux de vitamine C dans le corps, indépendamment du régime alimentaire[5]. Même en augmentant l'apport en conséquence, et quelle que soit la quantité d'agrumes ingérée, certaines personnes semblaient conserver un taux plus bas que les autres. Pour connaître ses propres capacités d'absorption de la vitamine C, il est donc bien utile de savoir quelle est la version du gène dont on a hérité.

D'ailleurs, ce n'est pas seulement intéressant d'un point de vue diététique. Nous sommes en train de découvrir que certaines différences dans le patrimoine génétique, par exemple sur un autre gène impliqué dans le métabolisme de la vitamine C (le SLC23A2), sont associées à des risques trois fois plus élevés d'accouchement prématuré[6]. Certains suggèrent que ce serait dû au rôle de la vitamine C dans la production de collagène, lequel participe à la résistance à la traction dont la mère a besoin pour garder le bébé dans son ventre[7]. Cela montre encore une fois qu'il faut prendre les paramètres héréditaires au sérieux en ce qui concerne la nutrition.

Puisque les conseils diététiques généraux ne s'appliquent pas à tout le monde, on est en bon droit de se demander quels sont nos propres besoins en agrumes, quel régime nous convient le mieux ou quels aliments éviter. Les réponses à ces questions seront différentes pour chacun, non seulement du fait des gènes hérités, mais aussi parce que ces derniers modifient leur comportement en fonction de ce que l'on mange.

Cette année comme les précédentes, des millions de gens vont tenter de modifier leur régime alimentaire.

Or la plupart d'entre eux n'y parviendront pas.

C'est en partie parce qu'ils avancent à l'aveugle, sans savoir quel régime correspond à leur génome. Nombre d'entre eux font donc des choix qui vont à l'encontre du but recherché[8].

Pourtant, la majorité – qui est censée obtenir des résultats en respectant les conseils habituels (alimentation raisonnable et exercice physique intense) – rencontre elle aussi des problèmes. Suivre un régime n'est pas évident, cela va sans dire.

Pendant la plus grande partie de son histoire, l'humanité n'a pas vécu dans l'abondance. Étant donné la pénurie de vivres couplée à de rares moments où la nourriture affluait, tous les hommes ont hérité de gènes favorisant la suralimentation. Quand il y avait par hasard un surplus calorique dans les repas, il était immédiatement stocké dans le corps sous forme de graisse. Il s'agissait là d'une sorte de compte d'épargne calorique bien utile en temps de disette.

Aujourd'hui, nous faisons face à un problème complexe, une inadéquation criante entre notre patrimoine génétique et la réalité actuelle. Notre mode de vie sédentaire a considérablement diminué nos besoins caloriques : ce sont maintenant les machines qui exécutent les travaux les plus difficiles et nous déplacent d'un endroit à un autre. Si l'on ajoute à cela l'abondance des calories bon marché, on comprend facilement pourquoi le taux d'obèses connaît de nos jours une hausse sans précédent dans l'histoire de l'humanité. D'ailleurs, ce n'est pas seulement la quantité de nourriture ingérée qui est en cause. Comme nous allons le voir, nos choix alimentaires aussi sont souvent peu adaptés à notre patrimoine génétique.

Grâce aux recherches en nutrigénomique, nous découvrons aujourd'hui quels aliments rayer de nos menus en fonction de nos particularités individuelles. Plus besoin, par exemple, de subir des années de ballonnement et de diarrhée ou de tenir un journal de son alimentation pour comprendre qu'on est victime d'une intolérance au lactose. Le test génétique qui fournit cette information est déjà disponible sur le marché. D'ailleurs, les plus avant-gardistes d'entre nous ne se contentent même plus d'un test unique, disons celui de l'intolérance au lactose, mais ont déjà franchi le pas d'un séquençage de l'exome, voire du génome entier.

Ce qui les fait entrer de plain-pied dans une diététique du XXIe siècle adaptée au patrimoine génétique de chacun. Les informations obtenues permettent par exemple de savoir s'il faudra préférer un cappuccino décaféiné. Tout dépendra de la version du gène CYP1A2 dont on a hérité, celle-ci déterminant la vitesse à laquelle le corps dégrade la caféine. Il existe en effet des métaboliseurs lents et des métaboliseurs rapides de cette substance qui est l'un des plus anciens excitants au monde.

Chez certaines personnes, la consommation de café n'empêche pas seulement de dormir, mais provoque également une hausse de la tension artérielle préjudiciable à la santé. On pense que cela est dû à une version du gène CYP1A2 qui dégrade lentement la caféine. Inversement, les sujets possédant deux exemplaires du gène qui métabolise rapidement la caféine ne subiront pas ces effets néfastes sur la tension[9].

Essayons maintenant de rassembler les pièces du puzzle, car c'est là que les choses deviennent vraiment intéressantes. La vie ne fonctionne pas hors contexte, isolément, par simple interaction des gènes : le génome réagit continuellement à ce que l'on fait et à ce que l'on mange. Comme Toyota ou Apple et leur production « juste-à-temps », les gènes s'activent et se désactivent sans cesse. Ce phénomène est le fruit de l'expression génétique – laquelle encourage les gènes à fabriquer plus ou moins de tel ou tel produit.

Pour illustrer la façon dont le mode de vie affecte les gènes, prenons l'exemple des fumeurs qui boivent du café. Vous êtes-vous déjà demandé pourquoi ils n'ont apparemment aucun problème à boire des quantités astronomiques d'expressos ?

La réponse tient à l'expression génétique.

Le gène CYP1A2 sert en fait à dégrader toutes sortes de poisons. Étant donné la toxicité de ses composés, la fumée de tabac pousse les gènes à l'action, en particulier le gène CYP1A2. Plus celui-ci s'active, plus grande sera la capacité du corps à dégrader la caféine. Mais ne vous méprenez pas : je ne dis pas qu'il faut se mettre à fumer pour pouvoir boire plus de café et rester éveillé toute la nuit. C'est simplement que le fait de fumer accélère le processus de dégradation de la caféine, aidant ainsi les métaboliseurs lents à mieux la supporter.

De toute façon, ceux qui ne sont génétiquement pas faits pour le café feront toujours mieux de préférer une tasse de thé vert. D'ailleurs, avant que vous n'alliez vous préparer une théière de *sencha* ou de *matcha*, je voudrais vous dire deux mots à ce sujet. Là encore, vous verrez que nos faits et gestes influent toujours d'une manière ou d'une autre sur nos gènes.

En ce qui concerne le thé vert, on pense qu'il pourrait jouer un rôle dans la prévention de certains types de cancer. Récemment, des chercheurs ont donné à des cellules mammaires cancéreuses l'un des puissants composés chimiques du thé vert, le gallate d'épigallocatéchine. Or, ils ont noté deux effets significatifs : certaines cellules cancéreuses se sont autodétruites (par un processus appelé apoptose) et les autres ont vu leur croissance considérablement diminuer. C'est précisément le résultat recherché lorsqu'on met au point de nouveaux traitements contre les tumeurs malignes.

Quand les chercheurs ont découvert les détails de ce changement de comportement chez les cellules cancéreuses, il est apparu clairement que le gallate d'épigallocatéchine produisait des modifications épigénétiques (activation ou désactivation de l'ADN servant à réguler l'expression des gènes) favorables à la lutte contre le cancer. Il s'agit là d'une avancée capitale dans nos tentatives actuelles pour contrôler les cellules qui décident d'enfreindre les lois biologiques collectives. Quand celles-ci cessent de coopérer et deviennent malignes, on finit en effet avec un cancer.

Plus nous étudions les liens qu'entretiennent les gènes avec ce que l'on boit, mange et fume, plus l'importance de ces interactions en termes de santé paraît évidente.

En étudiant des jumeaux monozygotes qui mangent à peu près la même chose, nous avons d'ailleurs découvert une pièce manquante essentielle au grand puzzle de la nutrition, le microbiote.

L'intestin humain offre un exemple de diversité microbienne formidablement complexe.

Parmi les principaux acteurs de cet écosystème figurent les bactéroïdètes et les firmicutes[10]. Si l'on additionne toutes les espèces appartenant à ces deux groupes, on obtient déjà plusieurs centaines de microbes – et ces microscopiques ménageries sont toujours légèrement différentes selon les individus.

Pour les microbes qui vivent en nous, les neuf mètres de tuyauterie reliant la bouche à l'anus constituent un véritable monde. Si des montagnes russes reproduisaient ces boucles et ces virages, elles donneraient une leçon d'humilité au plus chevronné des amateurs de sensations fortes. Voyager d'une partie à l'autre revient à aller des fonds marins à de luxuriantes forêts tropicales en passant par l'intérieur d'un volcan.

Rien d'étonnant, donc, à ce que le système gastro-intestinal soit l'une des plus complexes structures bâties pendant le développement fœtal. Pour vous donner une idée de cet incroyable ballet *in utero*, précisons que l'intestin se forme d'abord en dehors du corps, dans la région ombilicale. Pour assurer son entrée dans la cavité abdominale, l'intestin doit donc s'enrouler comme le serpent qui rentre dans le panier au son de la flûte. Or un rien suffit à perturber le processus. Si les intestins se coincent en cours de route, cela provoque une omphalocèle – sorte de hernie intestinale et ombilicale. Et si l'entrée dans la paroi abdominale s'effectue normalement, mais que le corps ne se referme pas comme il faut, cela donne lieu à un laparoschisis : une partie des intestins reste à l'extérieur, dépassant à travers une fente au niveau de l'abdomen. Puisque les intestins ne sont pas censés rencontrer le liquide amniotique, ils sont généralement endommagés et doivent être réintégrés chirurgicalement[11]. Voilà quelques-uns des problèmes qui peuvent survenir pendant le développement de ce système qui abritera ensuite une multitude de flux microbiens et physiologiques.

Même si la perspective n'est pas très plaisante, jeter un coup d'œil au fonctionnement de nos intestins est l'un des moyens les plus novateurs d'évaluer notre état de santé personnel.

Afin de mieux comprendre pourquoi, allons faire un tour en Chine à l'université Jiao Tong de Shanghai, où une équipe de scientifiques vient de révolutionner la diététique.

Voici ce qui s'est passé : en étudiant les intestins d'un sujet souffrant d'obésité morbide (qui avait la corpulence d'un sumo avec ses 175 kg), les chercheurs ont remarqué la présence abondante d'une bactérie du genre *Enterobacter*. Celle-ci est courante mais, chez ce patient, elle représentait 35 % de son système bactérien. C'est beaucoup. Alors, pour mieux comprendre ce phénomène, les scientifiques ont prélevé une souche de la bactérie pour l'introduire chez des souris élevées dans un environnement totalement dénué de germes.

Aucun changement n'a été observé.

L'expérience aurait pu s'arrêter là. Mais les chercheurs ont décidé d'observer ce qui se passerait si les souris infectées par l'*Enterobacter* suivaient un régime riche analogue à celui du patient. Ils leur ont donc donné beaucoup de graisses et de sucres, comme si les petites boules de poil mangeaient tous les jours au McDonald's un double cheeseburger accompagné de frites et d'un grand verre de soda. Et, sans surprise, elles se sont mises à prendre du poids.

Mais le détail fascinant, le voici : le même régime riche en graisses a été administré à un groupe témoin de souris non infectées par l'*Enterobacter*, comme le veut le protocole scientifique, et celles-ci sont restées minces comme des fils[12].

Le problème de notre obèse provenait bien de son régime alimentaire, mais celui-ci n'était donc pas seul en cause.

Avec le temps, nous comprendrons comment perdre du poids grâce à des régimes alimentaires adaptés à notre génome, mais aussi grâce à certaines combinaisons spécifiques de microbes.

Si l'obésité ne « s'attrape » pas, les bactéries, elles, se propagent. Et si certaines d'entre elles favorisent une réaction malsaine aux graisses, alors l'effet sera à peu près le même.

Mais le surpoids n'est pas seul en jeu quand on étudie l'impact sur la santé du microbiote personnel. En effet, cette espèce de ménagerie microbienne qui peuple le corps affecte également le cœur.

Sans doute avez-vous déjà entendu dire que la viande rouge et les œufs étaient mauvais pour le système cardio-vasculaire. Ce que vous ne savez peut-être pas, en revanche, c'est que les graisses saturées et le cholestérol contenus dans ces produits – depuis longtemps associés à des risques accrus de maladies cardiaques – ne sont pas les seuls responsables. Un autre composé présent dans ces aliments, la carnitine, accroît également les risques. En elle-même, la carnitine est tout à fait inoffensive. Mais, quand elle croise la route des bactéries du microbiote, elle se transforme en oxyde de triméthylamine, composé chimique qui, une fois introduit dans le système sanguin, s'avère mauvais pour le cœur[13].

Jusqu'à présent, les micro-organismes du microbiote et leurs effets sur la santé ont été nettement moins étudiés que le génome humain. Les choses devraient cependant évoluer, car il paraît de plus en plus évident que le microbiote joue un rôle aussi important que l'alimentation ou les gènes. Même les jumeaux monozygotes n'ont pas toujours les mêmes microbiotes, en particulier s'ils ne pèsent pas le même poids.

Voilà pourquoi, de même qu'il est bon de prendre soin de son patrimoine génétique, il serait judicieux de s'intéresser de plus près au bien-être de son microbiote. L'un des premiers moyens de le faire, c'est de chercher des alternatives à l'utilisation aveugle de produits antibactériens tels que les savons, les shampoings et même les dentifrices. Il serait également prudent de discuter avec son médecin lorsqu'il prescrit des antibiotiques, pour s'assurer qu'ils sont absolument nécessaires. Comme nous l'avons constaté à maintes reprises, un changement de régime politique effectué de force, ou un changement microbien provoqué par des médicaments, entraîne souvent des conséquences à long terme imprévues.

Étant donné l'infinie complexité de ces découvertes, le bon sens voudrait peut-être que vous renonciez à comprendre ce vers quoi nous nous dirigeons. Mais laissez-moi vous expliquer pourquoi nous avons de bonnes raisons d'être enthousiastes face aux avancées actuelles dans le domaine de la nutrition génétique. Pour ce faire, retournons au service des urgences où Cindy et sa mère m'attendaient, à 4 h 30 du matin.

Le personnel les avait prises en charge, et j'ai été content de constater qu'une perfusion apportait déjà à Cindy le glucose dont elle avait si cruellement besoin. Donner du glucose aux personnes souffrant d'un déficit en OCT est indispensable, car l'utilisation de protéines comme source d'énergie provoque chez elles une hausse du taux d'ammoniac extrêmement néfaste pour l'organisme, et en particulier pour un cerveau en cours de formation. Les symptômes qui inquiétaient sa mère – léthargie et vomissements – étaient d'ailleurs en partie dus à cet excès d'ammoniaque.

Si le traitement de cette maladie est plus agressif de nos jours que par le passé, c'est parce que nous connaissons mieux les dommages sur le cerveau qu'entraîne un taux élevé d'ammoniac. L'une des solutions proposées, notamment dans les cas sévères, est la thérapie génique chirurgicale. Il s'agit alors de transplanter un foie possédant une copie active du gène déficient.

Heureusement, le cas de Cindy ne nécessitait pas une greffe, et les progrès rapides en matière de traitement rendent le déficit en OCT moins terrible qu'autrefois.

En attendant les résultats de sa prise de sang (l'échantillon avait été directement envoyé au laboratoire), j'ai réfléchi à tous les changements significatifs qui avaient eu lieu ces dernières années dans notre pratique de la médecine. Dans le cas de Cindy, sa maladie n'aurait sans doute pas été diagnostiquée à temps. Aujourd'hui, le plus important pour un médecin est donc de savoir quels tests prescrire.

J'ai été soulagé quand les résultats sont finalement arrivés : son taux d'ammoniac n'était pas aussi élevé que nous ne l'avions cru et ses organes ne montraient aucun signe majeur de dysfonctionnement.

C'était encourageant. Après avoir terminé mon rapport de consultation et envoyé des e-mails à l'équipe de jour pour qu'elle prenne le relais, la fatigue a commencé à se faire sentir. Trois heures et demie de sommeil, ce n'était peut-être pas suffisant en fin de compte…

En rentrant chez moi pour prendre une douche et me changer, j'ai réfléchi aux prodigieux mystères qui entourent encore les processus biochimiques et génétiques à l'œuvre dans les maladies génétiques comme celle de Cindy. Être témoin des épreuves que traversent ces enfants courageux et leurs parents m'oblige souvent à changer ma façon de penser, ce qui ouvre parfois sur de nouvelles idées de recherches cliniques. Je serais sans doute passé à côté de certaines pistes de réflexion si je n'avais le privilège d'accompagner ces familles remarquables…

C'est le développement de nouvelles méthodes de dépistage qui nous a permis de diagnostiquer la maladie de Cindy suffisamment tôt pour changer le cours de sa vie grâce à un régime alimentaire et à des soins médicaux adaptés. Mais pour mieux comprendre l'utilité de la nutrition génétique personnalisée, je pense qu'il est bon de savoir comment elle a vu le jour. D'ailleurs, si vous êtes né après la fin des années 1960, vous en avez sans doute déjà bénéficié.

Tout a commencé à la fin des années 1920 avec une mère inquiète.

C'était une Norvégienne du nom de Borgny Egeland qui voulait désespérément aider ses deux jeunes enfants, Liv et Dag, tous deux victimes d'un sévère handicap mental. Convaincue qu'ils n'étaient pas nés avec ces déficiences, elle a consulté en vain de nombreux médecins, et même des guérisseurs, dans l'espoir de trouver quelqu'un – n'importe qui – capable de leur venir en aide[14].

Heureusement, elle a finalement rencontré un médecin chimiste qui a bien voulu la prendre au sérieux. Alors que tant d'autres l'avaient éconduite, Asbjørn Følling a prêté une oreille attentive à son récit. Un détail en particulier semblait l'intéresser : c'était l'urine des enfants qui, aux dires de la mère, dégageait une étrange odeur de moisi.

L'urine de Liv a donc été envoyée au laboratoire. Au départ, les analyses n'ont rien révélé d'anormal. Mais il y avait un dernier test – quelques gouttes de chlorure de fer servant à déceler la présence de corps cétoniques, composés organiques qui apparaissent lorsque le corps brûle des lipides plutôt que du glucose pour produire de l'énergie. En cas de présence avérée, l'urine aurait dû prendre une teinte violette. Au lieu de quoi elle est devenue verte.

Intrigué, Følling a demandé un autre échantillon provenant cette fois de Dag, le frère de Liv. Et à nouveau, l'urine est devenue verte lors du test au chlorure de fer. Deux mois durant, Mme Egeland a fourni au scientifique des échantillons de l'urine de ses enfants, et deux mois durant, le médecin a tenté d'isoler la cause de la réaction anormale. Ses recherches ont finalement abouti sur un composé chimique appelé « acide phénylpyruvique ».

Pour vérifier s'il avait raison, Følling a collecté d'autres prélèvements auprès d'institutions norvégiennes s'occupant d'enfants handicapés mentaux. Or, huit échantillons d'urine (dont deux provenant de jumeaux) ont réagi de la même manière au chlorure de fer.

Følling avait donc identifié une molécule qui allait s'avérer responsable de milliers de cas de retard mental. Mais il faudrait encore attendre plusieurs décennies avant que d'autres médecins en découvrent la cause, à savoir une maladie métabolique congénitale (apparentée à celle de Cindy) qui empêche de dégrader la phénylalanine, acide aminé présent dans des centaines d'aliments riches en protéines.

Mme Egeland avait donc raison : ses enfants n'étaient pas nés avec une déficience intellectuelle. C'était en réalité une maladie métabolique provoquant un excès de phénylalanine dans le sang (baptisée plus tard « phénylcétonurie ») qui avait provoqué ces dommages irréversibles sur leur cerveau.

Une fois ces informations rassemblées, les scientifiques ont donc conçu un régime permettant de prévenir les troubles cognitifs en cas de phénylcétonurie. Restait un dernier problème : parvenir à diagnostiquer la maladie avant l'apparition des symptômes.

Comment savoir que quelqu'un est atteint ? Et comment le savoir assez tôt pour ne rien laisser au hasard ? C'est un certain Robert Guthrie qui allait finalement résoudre le problème. Ce médecin chercheur initialement spécialisé dans la recherche sur le cancer avait délaissé l'oncologie pour s'intéresser aux causes et à la prévention des déficiences intellectuelles. Son changement de cap était motivé par des raisons toutes personnelles, son fils et sa nièce étant tous deux handicapés mentaux.

Or, cette dernière aurait pu échapper à ce triste sort, car elle était née avec une phénylcétonurie.

Fort de son expérience dans le domaine du cancer, Guthrie a donc imaginé un système de dépistage consistant à prélever quelques gouttes de sang sur le talon des nouveau-nés. Baptisé « test de Guthrie », il a été mis en place aux États-Unis dans les années 1960, puis dans une dizaine d'autres pays au cours des années suivantes. Son emploi allait ensuite être élargi à d'autres maladies.

Plus de quarante ans s'étaient donc écoulés entre l'époque où Borgny Egeland luttait contre vents et marées pour trouver une explication au handicap de ses enfants et le moment où le test de Guthrie se généralisait. Pour les enfants Egeland, bien sûr, c'était beaucoup trop tard.

Comment décrire la profondeur de cette tragédie ? Pour rendre tout l'honneur qu'elle mérite à cette longue quête commencée par Mme Egeland et conclue par Guthrie, je préfère laisser la parole à Pearl Buck, prix Pulitzer et prix Nobel de littérature, elle-même mère adoptive d'une petite fille victime de phénylcétonurie :

« Ce qui a été ne doit pas nécessairement continuer d'être à jamais. Il est trop tard pour certains de nos enfants, mais si leur sort peut faire comprendre aux gens à quel point une bonne part de cette tragédie n'a pas sa raison d'être, leurs vies, aussi amenuisées qu'elles puissent être, n'auront pas été vaines[15]. »

La tragédie des enfants Egeland n'aura pas été vaine.

De nos jours, le test de Guthrie et le dépistage à la naissance ont été étendus à une dizaine d'autres maladies métaboliques ; ce qui montre encore une fois l'impact des maladies rares sur l'ensemble de la population. Cependant, le dépistage des nouveau-nés ne peut pas tout déceler. Certains auront donc besoin de tests génétiques sophistiqués pour découvrir que quelques changements d'alimentation minimes leur permettraient d'aller nettement mieux.

C'est le cas du petit Richard, que j'ai rencontré par une matinée pluvieuse du printemps 2010.

Quand je suis entré dans la salle d'examen, il m'a donné l'impression d'être monté sur ressorts.

Les petits garçons de 10 ans sont souvent turbulents, mais Richard dépassait de loin ses congénères, et même le héros de *Max et les maximonstres*... Il va sans dire que cela avait entraîné de graves difficultés scolaires.

Ce n'était pourtant pas l'objet de sa visite à l'hôpital : il consultait pour des douleurs aux jambes.

Hormis ce petit souci, Richard respirait la bonne santé. Son dépistage à la naissance ? Parfaitement normal. Sa dernière visite de contrôle ? Rien à signaler. En fait, il semblait tellement bien portant qu'il avait fallu un certain temps avant qu'un médecin ne veuille bien reconnaître son problème (et ce ne serait peut-être jamais arrivé si d'excellents praticiens n'avaient pas su entendre ses plaintes et écarter le diagnostic facile mais peu scientifique de « douleurs croissantes »).

Incapables de trouver une explication aux douleurs du garçon, les médecins avaient donc prescrit un test génétique – lequel avait révélé un déficit en OCT, maladie dont j'ai déjà parlé en évoquant le cas de Cindy.

Peut-être vous rappelez-vous que cela avait valu à la petite fille de très nombreuses visites à l'hôpital. Chez Richard, toutefois, la maladie s'exprimait autrement. Hormis ses douleurs aux jambes difficilement explicables, peut-être dues à un taux d'ammoniac supérieur à la moyenne, il semblait ne pas en souffrir.

Ses autres symptômes, pour peu qu'on admette leur existence, étaient si légers que Richard et son père avaient du mal à croire à l'existence de la maladie. Un petit saucisson emballé dépassait d'ailleurs de la poche arrière du garçon le jour où je l'ai rencontré, alors qu'on avait pourtant dit et répété à la famille que les gens atteints d'un déficit en OCT devaient impérativement suivre un régime pauvre en protéines.

Le bâtonnet de saucisson était donc l'indice expliquant la persistance des symptômes.

Ce que la famille de Richard n'avait pas compris, c'est que son agitation à l'école et à la maison n'était pas un problème strictement comportemental, mais bien physiologique. Un taux d'ammoniac anormalement élevé entraîne souvent des tremblements, des crises d'épilepsie ou même le coma mais, dans le cas de Richard, cela provoquait sans doute une certaine agressivité et des difficultés de concentration.

Pour être tout à fait honnête, je l'ai moi-même découvert après coup. Si le petit garçon est sorti de notre première entrevue avec l'instruction de mieux respecter son régime, c'était en vue de soulager ses douleurs aux jambes.

Nous ne l'avons compris que trois mois plus tard, quand Richard est revenu après avoir consciencieusement suivi son régime. Il n'avait plus mal aux jambes, comme prévu, mais la vraie surprise a été d'apprendre qu'il était plus calme, plus attentif, et que ses résultats scolaires étaient montés en flèche.

Pendant les mois qui ont suivi, j'ai souvent repensé à ce revirement spectaculaire. Nul doute qu'il y a plus d'un Richard dans le monde. Ils sont même sans doute très nombreux à manger sans le savoir des aliments inadaptés à leur constitution génétique. Leur problème n'est peut-être pas assez lourd pour mettre leur métabolisme en danger, mais juste assez pour les envoyer dans le bureau du principal…

Si la plupart des enfants que je vois sont suivis dans des centres médicaux spécialisés, qu'en est-il de tous les autres ? De tous ceux qui souffrent également de maladies métaboliques sans que nous en soupçonnions l'existence ?

Nous n'avons aucune idée du nombre de personnes que l'on croit victime d'un déficit cognitif, ou même d'un trouble du spectre autistique, alors qu'elles souffrent en réalité d'une maladie métabolique non diagnostiquée. Avant de découvrir les mécanismes de la phénylcétonurie, par exemple, nous ne pouvions pas savoir que le retard mental des enfants atteints était dû à une pathologie métabolique non traitée.

Plus la science progressera, plus nous comprendrons les cas comme celui de Richard, et plus grand sera le nombre de vies améliorées grâce à des traitements ou à une hygiène de vie adaptés aux besoins génétiques et métaboliques de chacun.

Ce que Cindy, Richard et Jeff nous apprennent de la nutrition, c'est que nous avons tous non seulement un génome personnel, mais aussi un épigénome et un microbiote complètement uniques. Optimiser son alimentation, ce n'est pas seulement prévenir les carences. Aujourd'hui, chacun peut étudier ses propres gènes et son métabolisme de façon à savoir quels aliments privilégier et lesquels éviter. D'ailleurs, tout le monde aurait beaucoup à y gagner.

La mise au point de régimes spécifiques pour certaines maladies génétiques rares n'est qu'un début. Grâce aux informations fournies par le séquençage de l'ADN, chacun pourra bientôt concocter des menus spécialement adaptés à son profil génétique personnel.

Mais il n'y a pas que l'alimentation qui se personnalise pour s'adapter aux différents patrimoines génétiques. Comme nous allons maintenant le voir, nos armoires à pharmacie sont également concernées.

CHAPITRE 6

LE DOSAGE DES GÈNES

Comment des analgésiques mortels, le paradoxe de la prévention et Ötzi l'homme de glace changent la face de la médecine

Plusieurs milliers de patients meurent chaque année – et bien plus encore tombent gravement malades – pour avoir scrupuleusement respecté les doses de médicaments prescrites par leurs médecins.

La négligence des praticiens n'est pas en cause. Dans la plupart des cas, il s'avère que leurs prescriptions correspondaient exactement aux recommandations des fabricants et du corps médical. En réalité, bon nombre de ces réactions indésirables trouvent leurs causes dans les gènes. Comme pour le métabolisme de la caféine, certaines personnes sont génétiquement moins bien armées que les autres pour dégrader tel ou tel médicament. Le coupable n'est pas forcément le gène en lui-même : le nombre d'exemplaires a parfois tout autant d'importance. Certains héritent d'un peu plus ou d'un peu moins d'ADN que les autres, et cela entraîne de nombreuses variations qu'il est impossible de connaître sans séquençage ou test génétique.

S'il y a délétion dans le génome et que la section manquante aurait dû abriter une information essentielle à la bonne santé de l'individu, alors il est fort probable qu'un syndrome spécifique apparaisse. Mais s'il y a au contraire une répétition dans l'ADN, les conséquences ne sont pas toujours aussi évidentes.

Avoir un peu trop d'ADN est parfois totalement anodin, mais cela peut aussi profondément altérer la vie. Cela peut même, comme vous allez le voir, rendre mortel un médicament tout à fait banal. Vous commencez sans doute à comprendre que ce que l'on impose au génome a autant d'importance que le patrimoine génétique lui-même. Or ces choix de vie comprennent également les médicaments.

C'est ce que montre le cas tragique de Meghan, petite fille morte suite à une ablation routinière des amygdales. Elle avait pourtant parfaitement supporté l'anesthésie et l'intervention chirurgicale, si bien qu'elle était de retour chez elle dès le lendemain. En fait, Meghan est morte parce qu'il manquait aux médecins une information vitale : personne n'avait jeté un œil à ses gènes.

Elle aurait pu vivre très longtemps sans connaître sa particularité génétique ni jamais en souffrir. Comme des millions de personnes dans le monde, le génome de Meghan présentait une légère variation. Il s'agissait dans son cas d'une toute petite répétition : au lieu d'avoir deux exemplaires du gène CYP2D6, une pour chaque parent comme on peut s'y attendre, Meghan en avait trois[1].

Et comme à des millions de patients avant elle, on lui a prescrit de la codéine pour soulager les douleurs postopératoires. Mais, à cause de son patrimoine génétique, l'organisme de Meghan a transformé ces petites doses de médicaments en énormes doses de morphine. Tout est allé très vite. La posologie habituellement recommandée pour soulager les douleurs des enfants a provoqué chez elle une mort par overdose.

Aux États-Unis, la prescription de codéine pour les enfants venant de subir une ablation des amygdales ou des végétations a été interdite en 2013, suite à cette tragédie[2]. Celle-ci paraît d'autant plus grave que ce type de réaction n'est pas rare : chez 10 % des individus d'origine européenne et jusqu'à 30 % de la population d'origine africaine, la métabolisation de certains médicaments est ultra-rapide[3] du fait des gènes hérités.

Étant donné la quantité de médicaments prescrits et de gènes impliqués, l'usage de la codéine en pédiatrie n'est sûrement qu'un cas parmi bien d'autres où un médicament destiné à aider les gens risque de produire l'effet contraire.

Nous disposons maintenant de tests génétiques relativement simples pour identifier les métaboliseurs ultra-rapides ou ultra-lents de certains médicaments, et en particulier des opiacées. Pourtant, même si l'on vous a récemment prescrit de la codéine, il y a fort à parier que vous n'avez jamais passé ces tests.

Pourquoi ne sont-ils pas mis à profit et généralisés ? C'est une grande question, que je vous conseille vivement de poser à votre médecin avant d'accepter certains traitements pour vous ou l'un de vos enfants*.

Bien sûr, ce qui est un risque pour certains ne l'est pas pour les autres : la codéine est parfaitement inoffensive et traite efficacement la douleur chez bon nombre de personnes.

Ce vers quoi nous nous dirigeons – rapidement, je l'espère – est un monde où il n'y aurait plus de doses moyennes recommandées pour les médicaments impactés par les gènes. Au lieu de cela, les prescriptions tiendraient compte d'une myriade de facteurs génétiques, offrant ainsi

---

* Voici une liste non exhaustive des médicaments impactés par les gènes : chloroquine, codéine, dapsone, diazépam, ésoméprazole, mercaptopurine, métoprolol, oméprazole, paroxétine, phénytoïne, propranolol, rispéridone, tamoxifène et warfarine (coumaphène).

des traitements personnalisés et parfaitement adaptés à chacun.

Outre les posologies qui conviennent le mieux à *la plupart* des patients mais *pas à tous*, nous commençons à mieux comprendre le rôle du génome dans la réaction aux stratégies de prévention. Et pour vous aider à saisir ce que cela signifie concrètement, j'aimerais vous présenter un certain Geoffrey Rose et son bien nommé « paradoxe de la prévention ».

Certains médecins sont cliniciens. D'autres sont chercheurs. Tous ne sont pas capables de porter les deux casquettes – et ceux qui en sont capables n'en ont pas toujours envie.

Mais pour certains, dont je fais partie, le fait de pouvoir observer l'effet des recherches en laboratoire sur la vie des patients représente une chance incroyable : cela nous offre à la fois de formidables opportunités scientifiques et le merveilleux privilège d'être en première ligne dans l'aide apportée aux patients.

C'est pour ces raisons que Geoffrey Rose n'a jamais cessé de travailler au St. Mary Hospital de Londres. La communauté scientifique ne l'y poussait sûrement pas : il était l'un des plus éminents spécialistes des maladies cardio-vasculaires au monde et l'un des grands épidémiologistes de son temps. Mais Rose a continué de suivre ses patients pendant plusieurs décennies, même après le grave accident de voiture qui lui a coûté un œil et fait frôler la mort. Il continuait, expliquait-il à ses collègues, parce qu'il voulait s'assurer que ses théories épidémiologiques restent bien ancrées dans la réalité clinique[4].

Rose est notamment connu pour ses travaux soulignant la nécessité de stratégies préventives étendues à l'ensemble de la population, telles que les mesures éducatives et interventionnistes mises en place contre les maladies cardiaques.

Mais il a par ailleurs reconnu les défauts de tels programmes de santé publique, baptisant « paradoxe de la prévention » le fait qu'une mesure visant à modifier l'hygiène de vie de toute la population n'ait parfois qu'un impact faible, voire nul, sur un individu donné[5]. La raison en est simple : les stratégies de santé publique privilégient une réussite d'ensemble, négligeant les besoins de ceux qui ne s'inscrivent pas tout à fait dans la majorité génétique.

En clair, le médicament miracle pour un homme blanc d'1,60 m et 85 kg peut s'avérer totalement inefficace sur vous. Et il pourrait même vous être fatal, comme ce fut le cas pour Meghan.

Les grandes campagnes de vaccination contre des maladies comme la variole ont certes produit d'excellents résultats, il n'en demeure pas moins que les médecins ne traitent généralement pas la population mais des individus. Or, les recommandations médicales reposent sur des données tirées d'études qui portent sur un ensemble d'individus aux bagages génétiques variés. Voilà pourquoi on a si longtemps utilisé la codéine en pédiatrie : c'est tout simplement parce qu'elle fonctionne sur la plupart des enfants, la plupart du temps.

Un exemple du paradoxe de la prévention nous est fourni par les personnes qui tentent de réduire leur taux de mauvais cholestérol (ou cholestérol LDL) par une supplémentation en huile de poisson (maquereau, hareng, thon, flétan, saumon, foie de morue ou même blanc de baleine, tous riches en acides gras oméga-3). Des chercheurs ont en effet découvert que l'apport en huile de poisson produisait des résultats très variés sur le taux de LDL, allant d'une baisse de 50 % à une hausse spectaculaire de 87 %[6]. En creusant un peu, ils ont démontré que ces compléments prétendus bons pour la santé étaient en fait néfastes aux sujets porteurs du variant génétique APOE4. L'effet de l'huile de poisson sur le taux de cholestérol variera donc du tout au tout selon le bagage génétique personnel.

L'huile de poisson est loin d'être le seul supplément consommé tous les jours par des millions de personnes. Avec des ventes qui atteignent 27 milliards de dollars par an, on estime que plus de la moitié des Américains prennent des compléments alimentaires en espérant maintenir leur santé ou la retrouver par ce moyen apparemment simple et naturel[7].

Il y a pourtant peu de recommandations ou d'avis médicaux sur ces vitamines et autres compléments. C'est sans doute l'une des raisons pour lesquelles on me demande souvent s'ils sont d'une quelconque utilité et si oui, à quelle dose. Ma réponse comprend d'habitude les mots « ça dépend ». Il y a de nombreuses raisons de les prendre ou de les éviter. Vous a-t-on diagnostiqué une carence spécifique ? Votre patrimoine génétique rend-il nécessaire l'apport de certaines vitamines ? Et surtout, êtes-vous enceinte ?

Pendant la grossesse, en effet, il est clair qu'un apport nutritionnel adéquat permet de prévenir certaines anomalies congénitales graves. Le développement fœtal est le meilleur moment pour observer l'interaction des vitamines et des gènes.

L'une des plus grandes avancées dans l'éradication des anomalies congénitales commence au début du XXe siècle avec Lucy Wills et son singe. Cet exemple montre à merveille combien le vieux modèle favorisant « ce qui est bon pour la plupart des gens, la plupart du temps » est à la fois incroyablement efficace et au mieux inefficace (au pire dangereux) pour certains segments de la population.

Comme bon nombre des étudiants en médecine brillants nés avant le tournant du XXe siècle, Wills se passionne pour la pensée freudienne, et envisage de faire carrière dans l'art et la science de la psychiatrie. Mais pendant ses études londoniennes à la faculté féminine de médecine, qui entretient alors des liens étroits avec plusieurs hôpitaux en Inde, elle reçoit une bourse pour un voyage à Bombay où elle doit mener des recherches sur l'anémie macrocytaire de la grossesse, maladie alors mal comprise qui provoque chez la femme enceinte une grande faiblesse, de la fatigue et l'engourdissement des doigts[8].

À l'époque, tout ce qu'on sait des causes de la maladie se résume à la présence de globules rouges plus gros et moins colorés que la normale. Reste donc à savoir pourquoi. Comme l'anémie macrocytaire de la grossesse touche davantage les femmes pauvres, Wills soupçonne un lien avec l'alimentation. À son époque comme à la nôtre, les classes défavorisées consomment moins de fruits et légumes frais, et c'est très certainement le cas des ouvrières du textile que Wills vient étudier.

Pour vérifier son hypothèse, elle donne donc à des rates enceintes une nourriture similaire à celle des travailleuses. Sans surprise, elle observe la même altération des globules rouges, puis obtient des résultats identiques sur d'autres animaux de laboratoire.

Ensuite, Wills diversifie progressivement leur nourriture, un peu comme les parents d'aujourd'hui à qui l'on conseille d'introduire un par un les nouveaux aliments du bébé de façon à repérer d'éventuelles intolérances.

Wills sait qu'une alimentation saine et complète éliminerait le problème, mais elle sait aussi qu'elle n'a pas le pouvoir de rendre cela possible pour toutes les Indiennes. Ce qu'elle recherche, c'est donc le nutriment précis qui leur manque. Pourtant, malgré tous ses efforts, elle est incapable de le trouver, jusqu'au jour fatidique où l'un des singes du laboratoire met la main sur un pot de Marmite.

Tous les Britanniques connaissent cette pâte marron foncé, gluante et salée, au goût prononcé de levure de bière qu'on adore ou déteste. Certains sont incapables de s'en passer. Pendant la Seconde Guerre mondiale, c'est l'élément incontournable des rations des soldats anglais. Et quand les réserves s'épuisent durant le conflit du Kosovo, en 1999, les soldats et leurs familles conduisent avec succès une campagne de lettres exigeant son retour sur les tables des tentes réfectoires[9].

Wills note méticuleusement tout ce qu'elle fait, mais elle n'explique nulle part comment le singe a pu mettre la main sur le pot de Marmite. Aurait-il tout simplement volé le petit déjeuner de la chercheuse ?

Le Marmite est riche en acide folique. Or, cette vitamine – Wills l'apprendrait bientôt en constatant le remarquable rétablissement du singe après son larcin – permet précisément de soigner l'anémie macrocytaire de la grossesse.

Deux décennies allaient encore s'écouler avant que l'on ne comprenne exactement les raisons de son efficacité. Nous savons maintenant que l'acide folique est indispensable aux cellules qui se divisent rapidement. Si les femmes enceintes dont l'apport est insuffisant deviennent anémiques, c'est donc dû au fait que le bébé consomme tout leur acide folique pour se développer.

Dans les années 1960, on a par ailleurs établi un lien entre les carences en acide folique et les anomalies de fermeture du tube neural (AFTN) – ouvertures anormales dans le système nerveux central, telles que la *spina bifida,* qui vont de la malformation relativement bénigne aux cas non viables. Les médecins prescrivent souvent de l'acide folique aux femmes en âge de procréer avant même qu'elles ne tombent enceintes, car c'est durant les vingt-huit premiers jours de gestation que l'apport s'avère déterminant. Il réduit en outre les risques de naissance avant terme, de maladie cardiaque congénitale, et peut-être même d'autisme, si l'on en croit une récente étude[10].

Mais ne vous inquiétez pas si, même après avoir lu tout cela, vous ne pouvez vous résoudre à manger des tartines de Marmite au petit déjeuner : l'acide folique se trouve dans toutes sortes d'aliments, notamment les lentilles, les asperges, les agrumes et bon nombre de légumes à feuilles.

Le Collège américain des obstétriciens et gynécologues recommande à toutes les femmes fécondes de prendre au moins 400 microgrammes d'acide folique par jour. Toutefois, cette dose convient à la femme « moyenne » possédant un génome « moyen ». Or, comme vous le savez maintenant, personne ne correspond vraiment à la moyenne.

La recommandation ne tient pas non plus compte d'une variation génétique très courante : environ un tiers de la population possède une version différente du gène codant pour la méthylène tétra-hydrofolate réductase (MTHFR), laquelle joue un rôle déterminant dans le métabolisme de l'acide folique.

Ce que nous ne comprenons pas, c'est pourquoi certaines mères ayant scrupuleusement suivi ces recommandations donnent tout de même naissance à des bébés victimes d'anomalies du tube neural[11]. En fait, il semblerait que 400 microgrammes ne soient pas suffisants chez les femmes présentant une variation sur le MTHFR ou d'autres gènes impliqués dans le métabolisme de l'acide folique. Il serait donc sans doute souhaitable qu'elles prennent davantage d'acide folique, comme le préconisent certains médecins.

Vous pensez qu'on n'est jamais trop prudent ?

Très bien, mais avant de vous ruer vers la pharmacie, il faudra tenir compte d'un autre élément : prendre trop d'acide folique empêche la détection d'une éventuelle carence en cobalamine (ou vitamine B12). En un mot, chercher à régler un problème risque d'en cacher un autre. Et comme nous commençons tout juste à découvrir les risques associés à la prise d'acide folique en grandes quantités, la vraie prudence voudrait en fait qu'on n'ajoute pas trop de composés chimiques dans l'organisme sans être certain que la mère et le futur bébé en aient réellement besoin. Voilà pourquoi il est utile de faire analyser son génome.

Jusqu'à récemment, nous n'avions pas les bons outils pour savoir quelle version du gène possédaient les patients. Maintenant qu'ils sont à notre disposition, en revanche, le test des versions communes ou des polymorphismes du gène MTHFR fait partie de certains dépistages prénataux. Ces derniers servent à repérer des milliers de mutations sur quelques centaines de gènes. Si vous envisagez de faire un enfant, c'est un point que je vous conseille d'ajouter à la longue liste de questions à poser au médecin.

Mais ne vous étonnez pas s'il est incapable de vous donner une réponse immédiate et définitive. Les prix ont connu une telle baisse ces dernières années qu'il y a aujourd'hui un décalage entre la quantité de tests disponibles et notre capacité à traiter la masse d'informations qu'ils fournissent.

Bon nombre de médecins n'ont pas encore déterminé les étapes à suivre pour offrir aux patientes un suivi personnalisé optimal. C'est une approche totalement nouvelle pour eux. Cependant, grâce à ce que nous découvrons sur les gènes et les moyens de les influencer, les choses sont en train de changer rapidement.

Ces découvertes ont donné naissance à de nouvelles spécialités telles que la pharmacogénétique, la nutrigénomique ou l'épigénomique, dont l'ambition est de mieux comprendre en quoi nos vies sont affectées, modifiées par les gènes.

Vous avez maintenant une idée du rôle que joue le bagage génétique dans les besoins nutritionnels de chacun.

Cependant, il y a encore une chose que vous devriez savoir avant de prendre des compléments alimentaires.

Pour cela, permettez-moi une petite digression sur l'origine de ces gélules et autres petits comprimés.

Ce peut être parce qu'on fait attention à sa santé, parce qu'on a pris une bonne résolution, parce qu'on a l'impression que c'est le moment de changer, parce qu'on veut perdre du poids ou dormir un peu mieux… Quelles que soient les motivations, presque tout le monde a déjà pris un supplément vitaminé ou à base de plantes.

Peut-être deux ou trois, ou même davantage.

Mais vous êtes-vous déjà interrogé sur leur origine ? Savez-vous d'où vient la vitamine C ?

Je parie que certains répondraient : « Des oranges. »

Il faut dire que les fabricants font grand usage des images d'agrumes, laissant imaginer que leurs employés travaillent dans des vergers de Floride et cueillent les plus beaux fruits pour les transformer en pastilles effervescentes par quelque procédé mystérieux…

En réalité, la plupart des vitamines sont manufacturées de la même manière que les médicaments. Et, en un sens, c'est plutôt rassurant : la constance des procédés de fabrication signifie que tous les comprimés contiennent la même dose de substance active.

Mis à part les réglementations en vigueur, il n'y a en fait qu'une seule vraie différence entre les médicaments d'ordonnance et la plupart des compléments : ces derniers sont composés de produits chimiques qui se trouvent aussi à l'état naturel.

Cependant, prendre des vitamines n'est pas la même chose que manger les aliments qui en contiennent. Quand on déguste une orange, on n'ingère pas seulement de la vitamine C, mais un fruit composé de fibres, d'eau, de sucre, de calcium, de choline, de thiamine et de milliers d'autres substances phytochimiques.

Prendre des compléments, c'est un peu comme si on n'écoutait que les lignes de piano de la chanson *Empire State of Mind*: sans les rimes saccadées de Jay-Z, la voix d'Alicia Keys, la boîte à rythmes et les riffs de guitare, il ne reste plus que des mesures répétitives martelées sur un clavier…

Il manque la symphonie nutritionnelle de l'ensemble – tous les autres nutriments et substances présents dans l'orange, dont certaines vertus nous échappent encore.

Les compléments vitaminés peuvent bien sûr s'avérer utiles, nous l'avons vu avec l'acide folique qui sert à prévenir les anomalies du tube neural. Toutefois, si l'on avale des gélules au lieu de manger les aliments qui contiennent les mêmes substances, on se prive de la profonde richesse que la nature nous donne en partage.

Reste encore à savoir comment mettre en pratique dans la vie quotidienne les dernières découvertes en nutrigénomique et en pharmacogénétique.

Pour commencer, il faudra essayer d'en apprendre un maximum sur son propre patrimoine génétique. Un séquençage de l'exome ou du génome entier est même envisageable. Nous avons tout intérêt à rechercher et utiliser ces informations de notre vivant – même si, comme nous allons maintenant le voir, les morts parlent aussi génétique et nous fournissent des informations précieuses.

Le corps était dans un état de décomposition avancée, le visage totalement défiguré. Quand un petit groupe de marcheurs l'a trouvé dans les Alpes de l'Ötzal, près de la frontière entre l'Autriche et l'Italie, ils ont d'abord cru qu'il s'agissait des restes d'un alpiniste mort quelques saisons plus tôt.

Une fois le corps descendu de la montagne, on a cependant compris qu'il ne s'agissait pas d'un randonneur ordinaire mais plutôt d'un corps momifié, exceptionnellement bien conservé, dont l'âge estimé dépassait les 5 300 ans.

Au cours des décennies qui ont suivi sa découverte, nous avons appris énormément de choses sur la vie et la mort d'Ötzi. Tout d'abord, il semble avoir été victime d'un meurtre : sa mort aurait été causée par une pointe de flèche logée dans l'épaule gauche suivie d'un coup à la tête. L'analyse de l'estomac et du contenu intestinal montre par ailleurs qu'il avait bien mangé durant ses derniers jours : Ötzi s'était nourri de graines, de fruits, de racines et de plusieurs types de viandes rouges.

Mais il a fallu que les chercheurs prélèvent un petit morceau d'os sur sa hanche gauche pour que les réjouissances génomiques puissent vraiment commencer. L'analyse de l'ADN conservé dans l'os montre que, même si l'on a découvert Ötzi dans les montagnes glacées du nord de l'Italie, ses cousins génétiques les plus proches vivent actuellement en Sardaigne et en Corse – soit près de cinq cents kilomètres plus loin. On sait aussi qu'il avait sans doute la peau claire et les yeux marron, un groupe sanguin de type O, une intolérance au lactose et une prédisposition génétique aux maladies cardio-vasculaires. S'il avait évité le lait, la viande et les meurtriers, il aurait donc sans doute vécu un peu plus longtemps que ses 45 ans estimés[12].

Pour Ötzi, ces informations génétiques arrivent évidemment trop tard pour lui être d'une quelconque utilité. Mais si elles en disent autant sur un homme mort il y a plus de 5 000 ans, imaginez un peu tout ce qu'elles peuvent nous apprendre sur nous-mêmes aujourd'hui !

Pour ceux qui n'auraient pas accès aux tests génétiques complets ou au séquençage du génome, il reste la technique rudimentaire et néanmoins efficace qui consiste à remonter son arbre généalogique. Demander à ses proches s'ils ont déjà mal réagi à un médicament, par exemple, peut très bien nous sauver la vie.

Toute information est bonne à prendre quand il s'agit de comprendre une maladie complexe due à une multitude d'interactions génétiques. À vrai dire, rien ne vaut une bonne histoire familiale des antécédents médicaux. C'est la raison pour laquelle les mormons pourraient très bien, dans les décennies à venir, jouer un rôle clef dans le domaine de la génétique.

Vous savez peut-être qu'ils appartiennent à une Église en pleine expansion dans le monde, l'Église de Jésus-Christ des saints des derniers jours. Peut-être en avez-vous même déjà croisé – par groupes de deux, les cheveux courts plaqués au gel, en costumes noirs et chemises blanches avec un badge à leur nom.

Mais ce que vous ne savez sans doute pas, c'est que certains mormons pratiquent le « baptême pour les morts ». Selon leur croyance, les gens décédés sans avoir été baptisés par l'autorité adéquate peuvent obtenir une deuxième chance de salut au moyen d'un baptême par procuration reçu par l'un de leurs descendants.

Ce rite a donné lieu à des recherches généalogiques poussées remontant plusieurs siècles en arrière. Nombre de mormons connaissent par cœur les noms et l'histoire de leurs ancêtres sur des dizaines de générations, alors même que la polygamie rend les choses encore plus complexes. Leur but est de s'assurer qu'aucune âme mormone ne soit oubliée.

Pour les médecins qui tentent d'établir des liens entre maladies génétiques et histoires familiales, ce genre d'informations détaillées représente une véritable mine d'or. L'Église met aujourd'hui en ligne une bonne partie de ses archives généalogiques[13]. Bien que ce soit pour les mormons une entreprise strictement religieuse, bon nombre de personnes n'appartenant pas à la confession en profitent également.

Et comme les mormons suivent depuis longtemps un régime assez strict (nombre d'entre eux ne boivent pas de café, la plupart évitent l'alcool et tous bannissent les drogues illicites), cela simplifie grandement la compréhension des facteurs génétiques, épigénétiques et environnementaux affectant leur vie.

Inutile de se convertir au mormonisme pour offrir à vos frères et sœurs, à vos enfants et petits-enfants la chance d'avoir les informations nécessaires pour tirer le meilleur profit de leur génome et vivre en bonne santé. L'un des plus beaux cadeaux que vous pouvez leur faire est une généalogie des antécédents familiaux, en commençant par ce que vous savez de vos parents, puis en remontant aussi loin que vous le pouvez.

Soyez le plus précis possible. On ne sait jamais si un détail en apparence anodin, comme une sensibilité particulière à tel ou tel médicament, ne pourra pas mener vers une information médicale infiniment précieuse. Découvrir son patrimoine, que ce soit à travers une histoire familiale détaillée ou un test génétique, c'est prendre conscience des spécificités qui font de nous des êtres absolument uniques.

C'est prendre conscience qu'il est temps de faire un pas de côté, d'oublier la majorité pour se demander : quels sont les médicaments et les posologies adaptés à mon propre génotype ? Comment puis-je éviter le paradoxe de la prévention ? Quel mode de vie, quel régime devrais-je adopter pour répondre du mieux possible à mes besoins génétiques ? Quelle leçon de vie puis-je tirer d'une momie italienne congelée pendant 5 000 ans ?

Peut-être ne trouverez-vous pas immédiatement toutes les réponses. Mais en vous posant ces questions, vous découvrirez peu à peu quelles sont les particularités génétiques qui font de vous un être profondément singulier.

CHAPITRE 7

PRENDRE POSITION

Comment les gènes nous aident à choisir entre la gauche et la droite

Le jeune prodige du surf était fini, mis au rancart. Voilà ce qu'ils prétendaient.

Pas seulement les journalistes, mais aussi les autres surfeurs qui connaissaient depuis longtemps les vieux démons de Mark Occhilupo. Ils avaient vu sa taille s'épaissir et ses résultats baisser : il était clair que la drogue avait eu raison de lui.

En 1992, tout s'est accéléré. À la Rip Curl Pro de Hossegor, dans le sud-ouest de la France, celui qui était connu dans le monde entier sous le nom d'Occy aurait tenté de renverser la cabine des juges, lancé une planche sur un concurrent et même mangé du sable avant d'annoncer qu'il retournerait en Australie à la nage[1].

Occy l'arrogant n'avait jamais remporté de titre mondial. Et cette année-là, quand il a abandonné le championnat de l'Association des surfeurs professionnels (ASP), il semblait évident que ce ne serait jamais le cas.

Mais une fois à l'écart des projecteurs, Occy a commencé à se remettre dans le droit chemin. Il a arrêté l'alcool et les drogues. Il a retrouvé la forme. Il a renoncé au poulet frit qui avait trop longtemps été la base de son alimentation.

Il s'est remis au surf, cette fois pour le plaisir et la santé plutôt que la gloire et l'argent.

Et puis, en 1999, vague après vague, victoire après victoire, Occhilupo a remporté le championnat du monde de l'ASP. À 33 ans, il est ainsi devenu le tenant du titre le plus âgé de l'histoire du surf.

Des années plus tard, Occy était toujours là. Après une deuxième retraite – dans de meilleures conditions que la première –, le prodige remontait sur sa planche pour tenter une nouvelle fois sa chance au mondial. C'est à cette époque, par un matin sublime sur l'île d'Oahu, que j'ai vu Occhilupo s'engouffrer tête baissée dans les déferlantes, émerger peu après de la crête écumeuse, puis se laisser aller dans le creux de la vague aussi naturellement qu'on rit à une bonne blague.

Je ne suis pas un professionnel, mais un détail m'a frappé ce jour-là en le regardant évoluer sur les flots : Occy était *goofy*.

La gauche (en latin *sinister*, qui a donné « sinistre ») a longtemps été associée à une symbolique extrêmement négative[2]. Le terme « gaucherie » désigne d'ailleurs aussi bien le fait d'être gaucher que celui d'être gauche, de manquer d'aisance et d'adresse.

Vous vous demandez en quoi le fait d'être gaucher peut avoir une quelconque incidence médicale ? Sans doute serez-vous surpris d'apprendre que les cancers du sein avant la ménopause sont au moins deux fois plus fréquents chez les gauchères. Selon certains chercheurs, ce serait lié à une exposition prénatale à des produits chimiques affectant les gènes, qui prépareraient le terrain pour une prédominance de la main gauche assortie de risques accrus de cancer[3]. Leur hypothèse suggère là encore un cas où la culture modifierait la nature.

Que ce soit pour les mains, les pieds ou même les yeux, le côté droit prédomine chez la plupart des êtres humains. On serait tenté de penser que la latéralisation des pieds et des mains est toujours homogène, mais ce n'est pas le cas. Certains droitiers et de nombreux gauchers présentent ce que l'on appelle une latéralisation croisée.

Dans les sports de planche, le terme *goofy* fait référence au pied d'appel placé à l'arrière, celui qui domine quand on négocie les virages. Chez Occy, c'était donc le pied gauche.

Il existe quantité de théories expliquant pourquoi certaines personnes sont *goofy*. On dit souvent que le terme provient d'un dessin animé de huit minutes sorti en salle en 1937, *Hawaiian Holiday.* Il met en scène les fameux personnages de Walt Disney : Mickey et Minnie, Pluto, Donald et Dingo… qui s'appelle « Goofy » dans la VO. Pendant les vacances de la bande à Hawaii, Dingo s'essaye au surf et, quand il réussit enfin à prendre une vague, on le voit revenir vers le rivage debout sur la planche, le pied droit devant et le gauche à l'arrière[4].

Si vous voulez savoir quel est votre pied dominant avant de monter sur une planche, imaginez-vous en haut d'un escalier que vous vous apprêtez à descendre. Quel pied ferait le premier pas ? Si c'est le gauche, vous êtes sans doute *goofy*, si c'est le droit, alors vous faites partie de la majorité.

On pense que le fait de naître gaucher, droitier ou *goofy* serait lié à une étape primordiale de la formation du cerveau. L'une des explications les plus courantes à la latéralisation (nom donné à ce phénomène) avance en effet que chaque hémisphère cérébral se développe par un processus de spécialisation. C'est grâce à cette division du travail que nous pouvons accomplir des tâches multiples et complexes.

Si vous sifflez pendant que vous travaillez, vos collègues peuvent dire merci à la remarquable latéralisation de votre cerveau. Et si vous êtes capable de conduire en parlant au téléphone, c'est encore grâce à elle*.

Reste à expliquer pourquoi les droitiers sont majoritaires. Selon certains scientifiques, c'est dû à l'importance de la communication chez l'homme. Celle-ci est en effet régie par l'hémisphère gauche du cerveau et, comme vous le savez sans doute, c'est lui qui contrôle les muscles de la partie droite du corps (ce qui explique pourquoi une lésion dans l'hémisphère gauche aura tendance à provoquer un dommage physique sur le bras ou la jambe droite).

Mais pourquoi se soucier d'être droitier, gaucher ou *goofy* ? C'est une question qu'on pose souvent à Amar Klar, chercheur au laboratoire sur la régulation des gènes et la biologie chromosomique du National Cancer Institute qui s'intéresse depuis plus de dix ans à la génétique de la prévalence manuelle.

Pour Klar, le fait d'être droitier ou gaucher est directement lié aux gènes, et peut-être même à un seul (que nous avons toutefois réussi à manquer en passant le génome au peigne fin). Sa théorie s'accompagne d'un modèle prédictif fondé sur les traits dominants et récessifs qui ferait la fierté de Gregor Mendel. Elle parvient même à expliquer pourquoi certains jumeaux monozygotes n'ont pas la même main dominante, alors que ce fait semble plutôt contredire la thèse de l'origine génétique. Selon la théorie proposée par Klar et plusieurs autres généticiens respectés, ce gène hypothétique aurait deux types d'allèles, l'un serait dominant et ferait de nous des droitiers, tandis que l'autre serait récessif. Une personne héritant de deux allèles récessifs aurait donc une chance sur deux de devenir gaucher. Plus de dix ans après le début de ses recherches,

* Attention, vous n'êtes sans doute pas aussi performant que vous le croyez : des études montrent en effet que les utilisateurs de téléphone portable sont d'aussi piètres conducteurs que les individus éméchés.

Klar n'a toujours pas trouvé le gène en question mais garde encore espoir.

Un autre courant de pensée propose cependant une alternative à l'explication exclusivement génétique de la prévalence manuelle. Elle avance que les gauchers auraient subi, au cours du développement intra-utérin ou à la naissance, une forme de traumatisme ou de dommage neurologique qui aurait modifié leurs connexions cérébrales. Les personnes qui cherchent à rassembler les preuves de cette « théorie du trauma » se réfèrent notamment aux études montrant une corrélation entre la naissance avant terme et la prévalence de la main gauche. Une méta-analyse* suédoise révèle en effet qu'il y a deux fois plus de gauchers parmi les enfants nés prématurés[5].

Découvrir les lois biologiques qui gouvernent la latéralisation manuelle, comprendre ses causes, qu'elles soient héréditaires ou non, pourrait nous aider à mieux comprendre ce que signifie vraiment être gaucher ou droitier. Des études ont en effet montré que les gauchers étaient davantage prédisposés à la dyslexie, à la schizophrénie, aux troubles d'hyperactivité avec déficit de l'attention (THDA), à certains troubles de l'humeur, et même au cancer[6]. En ajoutant le paramètre de la main dominante, des chercheurs danois ont d'ailleurs réussi à prédire quels enfants souffrant de THDA à l'âge de 8 ans (à un moment où, il faut bien le dire, tous les enfants sont un peu turbulents) seraient toujours atteints à 16 ans[7].

Mais si la latéralisation manuelle garde ses mystères, nous commençons à mieux comprendre les mécanismes génétiques qui régissent l'organisation anatomique du corps – c'est-à-dire les gènes qui travaillent au placement correct

* Une méta-analyse est une étude qui combine les résultats de nombreux travaux conçus de façon similaire, le but étant d'accroître la puissance statistique, donc l'exactitude des résultats.

des organes, s'assurant par exemple que le cœur et la rate seront bien à gauche, et le foie, à droite. Ces découvertes génétiques nous aident à répondre à la question suivante : est-il vraiment important qu'un côté ou l'autre fasse telle ou telle chose ?

Si vous vous êtes déjà brûlé avec un robinet d'eau chaude marqué « froid », alors vous connaissez déjà le problème de la latéralité inversée.

Mais, pour bien comprendre comment les gènes aident les organes à prendre position, il va d'abord falloir revenir au moment où vous n'étiez qu'un embryon dans le ventre de votre mère.

Quand le développement en trois dimensions commence, un équilibre subtil doit s'instaurer dans la croissance pour que se forment les futures proportions corporelles.

Or il suffit d'un rien pour que les choses tournent mal : si une légère prédominance d'un côté ou de l'autre est bénéfique, un déséquilibre à peine plus important suffit à tout mettre sens dessus dessous.

Si vous êtes déjà monté à bord d'un petit bateau – peut-être un canoë pendant des vacances au camping –, alors vous savez ce que c'est. Quand tout le monde est bien assis et coordonné, le canoë s'avère un moyen de transport incroyablement stable. Mais il suffit qu'une personne se lève au mauvais moment, et toute l'embarcation chavire…

Voilà ce à quoi je pensais sur la rive nord de l'île d'Oahu, en regardant Occhilupo surgir hors d'un rouleau qui déferlait vers la gauche puis changer de cap d'un coup sec avant que la vague ne se brise, manipulant l'eau avec l'aisance du chef japonais qui découpe sa poitrine de poulet *teriyaki*.

Occhilupo est un maître, pourtant même lui n'aurait jamais pu accomplir ces prouesses sans une innovation apportée dans les années 1930.

En regardant *Hawaiian Holiday*, on remarque que la planche de Dingo ressemble à une planche à repasser. Elle est longue, plate, effilée d'un côté et, surtout, il n'y a rien en dessous. Bref, elle n'était pas encore passée entre les mains de Tom Blake, inventeur et fabricant de planches qui, quelques années à peine avant la sortie du dessin animé, a introduit le *skeg* dans l'univers du surf. Il s'agit d'une dérive fixée sous la planche pour offrir un meilleur équilibre et plus de maniabilité. On raconte qu'il a réalisé son premier prototype à partir d'une quille de bateau à moteur échouée sur le rivage.

Au départ, personne ne comprenait vraiment à quoi pouvait bien servir un tel appendice. Mais dix ans plus tard, presque toutes les planches du monde étaient équipées d'une ou plusieurs dérives[8].

Si vous vous demandez quel est le rapport avec les gènes et le développement de l'embryon, je vous répondrais que les humains n'ont certes pas de dérive mais sont néanmoins dotés d'une structure similaire, codée par les gènes, qui remplit une fonction vitale en instaurant les conditions nécessaires pour que les bons gènes s'expriment au bon moment. Il y a pourtant de fortes chances pour que vous n'en ayez jamais entendu parler. Dénommés « cils du nœud », ils apparaissent durant le développement fœtal – à un moment où l'être humain ressemble plus ou moins à une boule de chewing-gum dans l'utérus de la mère. Lors de cette étape clé, les cils du nœud sortent de ce qui deviendra la tête comme de petites antennes de protéines.

Et, de même que la dérive aide le surfeur à diriger sa planche dans l'eau pour prendre une belle vague, les cils servent à remuer – et dans certaines situations, à sentir – le fluide entourant l'être en gestation, le but étant de créer le gradient de concentration chimique nécessaire à son bon développement. Leur rôle est aussi simple qu'indispensable : diriger le flux dans la bonne direction en créant autour de l'embryon un courant pareil à un tourbillon, dont le mouvement influe sur des protéines qui dictent le développement par l'expression des gènes au moment opportun.

C'est grâce à ces signaux protéinés, encodés dans les gènes, que l'embryon en cours de croissance formera son foie à droite ou sa rate à gauche.

Dans la grande bataille que se livrent les parties opposées du corps pour déterminer laquelle aura quel organe, les gènes codent pour des protéines comme Lefty-2, Sonic Hedgehog ou Nodal, qui s'affrontent pour asseoir la suprématie d'un des côtés.

Or, si une altération génétique nuit au bon fonctionnement des cils, c'est tout l'équilibre du développement qui se trouve chamboulé. Pareils à une planche dont la dérive aurait été cassée par un récif ou un courant imprévu, des cils qui se comportent mal déséquilibrent les quantités de protéines qui baignent l'embryon.

Si, par exemple, trop de Sonic Hedgehog débordent de leurs limites habituelles, cela empêchera la formation de la rate. Et pour ne pas être en reste, les Lefty-2 entraînent une polysplénie, c'est-à-dire la formation de plusieurs rates, s'ils ne font pas bien leur travail.

Des cils un peu dérangés risquent aussi d'envoyer les organes au mauvais endroit. Inversez le sens du tourbillon, par exemple, et certains organes seront placés du mauvais côté – le cœur à droite, le foie à gauche, la rate à droite, etc.

Loin d'être bénin, le mauvais placement des organes internes peut affecter presque tout l'organisme, du système vasculaire aux connexions neuronales. Or, ce qui a déjà été fait anatomiquement ou neurologiquement n'est pas facile à défaire. Souvent, c'est même totalement impossible.

Voilà pourquoi les obstétriciens insistent pour que les femmes enceintes ne boivent pas une goutte d'alcool durant la grossesse. On part généralement du principe que l'alcool n'est jamais sans danger pendant la gestation, et ce, quelles que soient les quantités consommées. Mais certains bébés nés de mères ayant bu pendant la grossesse semblent toutefois pratiquement indemnes.

Pourquoi ? Parce que nous sommes tous génétiquement différents, et en particulier, semble-t-il, pour ce qui est du métabolisme de l'alcool. Selon les gènes de la mère – et ceux qu'elle et son partenaire ont transmis à l'enfant –, l'alcool pourra donc avoir un effet modérément toxique ou, au contraire, terriblement dévastateur[9]. Compte tenu des incertitudes entourant cette étape du développement, la meilleure approche consiste selon moi à éviter totalement l'alcool durant la grossesse.

Le conseil est sûrement valable pour toutes les substances douteuses qu'une femme enceinte peut introduire dans son corps, y compris les aliments malsains, mais il semble particulièrement important pour l'alcool – en particulier durant les premières phases du développement, lorsque le bon fonctionnement des cils s'avère capital.

Les cils dirigent en quelque sorte l'orchestre du développement. Si vous avez déjà assisté à un concert classique, vous savez que faire de la musique symphonique n'est pas évident. Alors imaginez ce que ce serait si les musiciens avaient quelques verres dans le nez… Des études sur les enfants nés de mères ayant consommé de l'alcool pendant la grossesse ont fait apparaître de nombreux problèmes liés à la latéralité, y compris des difficultés à écouter de l'oreille droite et à interpréter les paroles, deux fonctions généralement gouvernées par l'hémisphère gauche du cerveau[10].

Au lieu de diriger l'orchestre génétique du développement dans une magistrale interprétation du rythme, des mélodies et des harmonies, les cils défectueux donnent un concert qui rappellerait plutôt l'œuvre du Japonais Toru Takemitsu, dont les compositions sont certes fascinantes et très intéressantes, mais parfois difficiles à comprendre... C'est précisément le défi que posent les maladies génétiques dues au dysfonctionnement des cils, qu'on a regroupées sous le nom de « ciliopathies ».

Pour les comprendre, il est important de connaître les cils ainsi que les mécanismes génétiques qui les gouvernent. Et pour cela, il faut savoir que les cils sont partout, absolument partout. Vous n'en aviez peut-être jamais entendu parler jusqu'ici, mais sachez qu'ils veillaient déjà sur vous et votre bien-être dès avant le jour de votre naissance. Pour certaines cellules, ils constituent une sorte de sens du toucher qui leur permet de trouver leur chemin dans l'univers microscopique où elles évoluent.

Il existe bien sûr de nombreux exemples montrant l'importance du toucher comme moyen de donner sens au monde environnant.

Parmi les plus parlants, il y a l'histoire de Michael Naranjo. Ce sculpteur américain issu d'une famille d'artistes du Nouveau-Mexique a perdu la vue et l'usage de la main droite à 22 ans, dans une attaque à la grenade sur le front du Vietnam. Alors qu'il était soigné dans un hôpital japonais, le jeune homme a demandé un petit morceau d'argile à une infirmière. Il s'est mis à l'œuvre dès qu'il l'a eu entre les mains, s'engageant alors dans une pratique qui allait le mener aux quatre coins du globe[11]. Invité à la Galleria dell'Accademia de Florence bien des années plus tard, une structure serait montée spécialement pour lui, afin qu'il puisse faire courir ses mains sur le visage du *David* de

Michel-Ange. Car, en effet, c'est en touchant que Naranjo voit.

Comme cet artiste étonnant, les cellules sont aveugles et se servent de leurs cils génétiquement encodés pour percevoir le monde environnant. Malgré leur rôle essentiel, les cils sont tellement minuscules que la plupart des gens n'y pensent jamais. Leur petite taille est pourtant largement compensée par leur importance.

Leur impact sur la vie se fait sentir très tôt, avant même que les cils ne commencent à remuer et à sentir les fluides embryonnaires pour former ce qui deviendra le corps. Ils jouent un rôle crucial dès le moment de la conception.

La queue des spermatozoïdes, appelée « flagelle », est elle-même un cil modifié. Si elle ne bat pas correctement, le spermatozoïde ne nagera pas bien et aura donc du mal à se rendre là où on l'attend. De l'autre côté, on trouve à l'entrée des trompes de Fallope des cils qui battent plus vite pendant l'ovulation, créant ainsi un courant suffisamment fort pour assurer la descente de l'ovule.

Les poumons ont eux aussi besoin des cils pour rester propres et conduire l'oxygène à l'intérieur du corps. Pareils au public d'un concert de rock qui porte à bout de bras le slameur se jetant dans la foule, les cils évacuent le mucus, la poussière et les microbes en dehors des poumons. C'est une tâche ardue, même dans les meilleures conditions, et cela se complique encore si l'on fume, à cause des produits chimiques inhalés qui endommagent les cils. À chaque fois que vous entendez un fumeur tousser, vous pouvez donc remercier vos cils : sans eux, vos poumons seraient eux aussi en piteux état.

Mais pas besoin de fumer pour que le processus s'enraye : certaines mutations sur des gènes comme le DNAI1 ou le DNAH5 suffisent en effet pour que les cils travaillent mal. C'est ce qu'on appelle une « dyskinésie ciliaire primitive »

(DCP). Bien que la majeure partie de l'activité des cils nous soit encore sans doute inconnue, nous savons qu'en cas de dysfonctionnement, le muscle et le tissu élastique des poumons finissent par céder, provoquant des difficultés respiratoires et un gonflement des sinus qui bloquent le drainage nasal. Tous ces symptômes sont le résultat d'une pathologie génétique où les cils, pour une raison ou pour une autre, ne reçoivent pas l'ordre de battre comme ils le devraient.

Certaines personnes atteintes de DCP présentent également un *situs inversus*, ce qui, entre autres choses, offre aux professeurs de médecine l'occasion de jouer des tours à leurs jeunes internes.

Je suis moi-même passé par ce rite d'initiation. Alors que je procédais à un examen surveillé, l'un de nos professeurs m'a demandé de réaliser une « percussion du foie ». Cela fait des siècles que les médecins utilisent cette technique pour évaluer la taille des organes vitaux, et elle reste indispensable même après l'arrivée des ultrasons. Le professeur n'a évidemment pas précisé que la patiente présentait un *situs inversus totalis*, c'est-à-dire que tous ses organes principaux se trouvaient du côté inverse.

— Moalem, vous avez un problème ? m'a-t-il demandé alors que je tâtonnais l'abdomen de la patiente, essayant désespérément de reproduire les gestes si souvent répétés sur des proches ou des patients en préparation de mes examens.

— Je… euh…

— Allez, ce n'est pas si difficile.

— C'est que… On dirait que… euh… »

J'étais tellement nerveux que je n'ai même pas remarqué l'expression de la patiente qui essayait tant bien que mal de réprimer son fou rire. Quand elle a éclaté de rire, j'ai d'abord cru que je l'avais chatouillée en cherchant en vain son foie apparemment absent. Il a fallu que tous les gens présents dans la pièce se mettent eux aussi à rire pour que je comprenne enfin.

Rétrospectivement, je peux dire sans hésitation que cette plaisanterie, bien que gênante sur le moment, a été l'une des leçons les plus instructives de toute ma formation. Elle m'a appris qu'il fallait toujours, avant d'examiner un patient, prendre un instant pour dissiper toute idée préconçue.

Changer l'esprit d'un médecin en *tabula rasa* médicale n'est pas évident. Il y a des choses que nous tenons pour acquises, d'autant que nos études nous apprennent quantité de présupposés cliniques sur l'anatomie et la physiologie humaines.

Le défi est encore plus grand dans ma pratique actuelle. Mais c'est d'autant plus important, car plus on s'approche d'une médecine vraiment personnalisée, plus il est nécessaire d'aller au-delà des présupposés.

Il y a toutefois certaines choses que nous tenons pour universellement vraies, et notamment l'importance décisive des gènes qui régissent les cils. Ceux-ci ne se contentent pas d'aider au placement des organes chez l'embryon, mais jouent aussi un rôle dans l'agencement interne et structurel des reins, du foie, et même de la rétine[12]. Comme les mains de Naranjo courant sur le bloc de marbre, ils contribuent même à la formation des os en les aidant à s'orienter dans l'espace à trois dimensions.

Il n'y a presque aucun endroit du corps où les cils ne jouent pas un rôle essentiel. Mais trop peu de recherches s'intéressent à eux, et ils restent l'une des structures du corps humain les plus largement sous-étudiées.

Sans les gènes qui codent pour des cils fonctionnels, la latéralisation n'a pas lieu. Et sans cette dernière, les organes internes et le cerveau ne se forment pas bien. La latéralité est indispensable à la vie telle que nous la connaissons. Ses implications génétiques, nous allons le voir, sont proprement extraordinaires.

Parfois, il suffit de choisir un côté ou l'autre. J'en ai eu l'illustration comique il y a quelques années de cela, sur un pont transfrontalier entre la Thaïlande et le Laos. Ce matin-là, à l'ouverture de la frontière, c'était le chaos et l'hilarité générale. Les Thaïs conduisant à gauche et les Laotiens à droite, les conducteurs ne savaient plus de quel côté rouler !

Or il se passe la même chose au plus profond de l'organisme. Faute de choisir un côté ou l'autre, on tombe vite dans le chaos moléculaire et le développement anarchique. Presque tout dans le corps est placé de façon à s'orienter vers la droite ou la gauche. Et, contrairement à ce que la prédominance des droitiers pourrait laisser croire, notre biochimie interne semble préférer les configurations moléculaires « gauchères ».

Prenons les vingt acides aminés qui s'associent pour former des millions de composés protéiques différents. Pour simplifier, disons qu'ils servent au corps de matériaux de construction, qu'ils lui donnent sa forme et sa fonctionnalité. Leur agencement dépend d'informations fournies par les gènes puis traduites. Il suffit qu'une lettre de l'ADN change pour que la protéine se crée à partir d'un autre acide aminé et fonctionne moins bien. Les acides aminés et leur ordre d'assemblage revêtent donc une importance capitale.

Tous les acides aminés (à l'exception de la glycine) sont dits « chiraux ». Cela signifie qu'ils peuvent être soit droitiers, soit gauchers. Quand on les synthétise en laboratoire, on obtient souvent un mélange à parts égales des uns et des autres.

Alors, bien sûr, les acides aminés droitiers n'ont pas de problèmes particuliers. Ils savent faire exactement la même chose que les gauchers et sont tout aussi stables quand on les empile comme des chaises. Toutefois, pour une raison encore inconnue, la vie sur Terre semble accorder sa préférence aux gauchers.

Si ce que je raconte vous semble un peu éloigné de notre réalité, vous n'avez pas tout à fait tort. Il s'agit en effet d'une théorie actuellement élaborée par les chercheurs de la NASA, et celle-ci vient littéralement d'un autre monde.

Après avoir récupéré quelques fragments d'une météorite tombée pendant l'hiver 2000 sur le lac Tagish, au nord-ouest du Canada, les scientifiques ont mélangé des échantillons à de l'eau chaude avant de trier les molécules à l'aide d'une technique associant chromatographie liquide et spectrométrie de masse, procédé couramment utilisé en laboratoire pour séparer certaines molécules des autres.

Et voilà qu'ils ont trouvé… des acides aminés.

Pas plus impressionnés que cela, les chercheurs de la NASA ont poursuivi leur travail. Et en séparant les gauchers des droitiers, ils ont découvert que les acides aminés gauchers étaient nettement majoritaires[13]. Ce que cela implique, si l'hypothèse se voit confirmée, c'est que l'excès d'acides aminés gauchers observé sur Terre viendrait en fait d'une galaxie extrêmement reculée. Cela pourrait également signifier que notre petit coin d'Univers penche lui-même légèrement vers la gauche.

Mais avant de clore ce chapitre, je voudrais évoquer un secret que l'industrie des compléments alimentaires préférerait sans doute garder pour elle, à savoir le fait que certaines de ces vitamines nous font plus de mal que de bien – et tout cela à cause de la latéralité. Prenons l'exemple de la vitamine E. Peut-être savez-vous que c'est un remarquable antioxydant. En 1922, elle portait le nom de «tocophérol», issu du grec «porter l'enfant», car l'une des seules choses qu'on savait d'elle était que sa carence rendait les rates stériles.

La vitamine E se trouve dans toutes sortes d'aliments, y compris dans les légumes à feuilles. Elle protège la membrane des cellules contre les attaques chimiques de l'oxydation, un peu comme le traitement antirouille appliqué sous votre voiture pour la préserver des intempéries et des sels de voirie. Mais ce n'est pas tout. Nous avons aussi découvert que la vitamine E pouvait modifier de façon spectaculaire l'expression de certains gènes, notamment ceux qui sont impliqués dans la division cellulaire, processus vital qui se produit des millions de fois pas jour[14].

Si vous vous demandez d'où provient la vitamine E des comprimés, sachez que, comme la plupart des compléments actuellement sur le marché, elle est fabriquée dans des usines de produits chimiques.

La forme de vitamine E la plus souvent utilisée est l'alpha-tocophérol. Celui-ci peut prendre huit formes différentes, appelées stéréo-isomères, mais une seule se trouve dans les aliments naturels. Or, pendant des décennies, nous ne savions pas que l'alpha-tocophérol, pris à hautes doses, diminuait le taux de gamma-tocophérol naturellement fourni par l'alimentation[15]; autrement dit, que la version artificielle risquait de neutraliser l'une des formes de vitamine E les plus courantes dans la nature.

Alors laissez-moi vous donner un conseil: oubliez vos petites gélules et mangez plutôt des aliments riches en vitamines E comme les noix, les abricots, les épinards ou le taro. La nature s'avère en fin de compte un bon pourvoyeur des types de vitamine E nécessaires à l'homme.

Et puis faire le plein de vitamines en mangeant des repas équilibrés présente un autre avantage : il devient nettement plus difficile de dépasser les doses prescrites par la raison et la prudence.

Je n'ai sans doute plus besoin de préciser que le génotype affecte la manière dont chacun métabolise les vitamines. Une étude récente a identifié trois variations génétiques impliquées dans la réaction aux compléments en vitamine E[16].

Le secret, pour la plupart d'entre nous, est tout simplement la stabilité, soit l'équilibre avec tout juste ce qu'il faut de déséquilibre. Cette vérité est valable pour l'homme, pour la vie et même pour l'Univers.

Les gènes nous aident à choisir entre la gauche et la droite et nous devons la vie à cet équilibrage savamment orchestré. Si les bons gènes ne s'étaient pas activés au bon moment, tout notre corps, de la rate au bout des doigts, serait complètement sens dessus dessous.

CHAPITRE 8

NOUS AVONS TOUS QUELQUE CHOSE DE SPÉCIAL

Ce que les Sherpas, les fakirs et les athlètes génétiquement dopés nous apprennent de nous-mêmes

Il y a un distributeur de Coca-Cola en haut du mont Fuji.

Voilà à peu près tout ce que je peux dire de ce moment passé au sommet de la plus haute montagne du Japon.

Malheureusement, je me souviens nettement mieux de l'ascension. Les gens mettent en moyenne six heures pour atteindre le sommet. Cependant, pour ceux qui marchent de nuit (comme moi qui étais parti au crépuscule en comptant atteindre mon but bien avant le lever du soleil), on conseille d'inclure de nombreuses plages de temps supplémentaires.

Mais j'étais jeune, en pleine forme, et certain de devancer tout le monde dans la poussière volcanique de cette belle et grosse montagne. J'avais prévu de m'arrêter dans l'un des gîtes bondés qui la parsèment, pour prendre un bol de soupe aux nouilles et peut-être faire une courte sieste avant de repartir. Mon but était d'arriver à temps pour assister au spectacle du soleil levant. Je comptais en rapporter un souvenir inoubliable qui ferait ma fierté.

Ce que je pouvais être naïf !

Atteindre l'endroit de la pause aura été le plus facile, même si cela s'est avéré plus long que prévu. Plus je prenais de la hauteur, moins j'allais vite. Si mes jambes n'étaient pas fatiguées, mon esprit l'était. Comme j'avais dormi au moins huit heures la veille, je me suis dit que mon sommeil avait dû être agité, sans doute à cause de l'excitation ressentie à l'idée de gravir le lendemain cette montagne mythique.

Oui, me disais-je, c'est sûrement un problème de sommeil.

J'étais cependant résolu à atteindre le sommet avant l'aube. J'ai donc fait une croix sur l'*inemuri* (nom que les Japonais donnent aux siestes réparatrices), englouti un bol de nouilles, rempli ma Thermos de thé vert, puis repris mon chemin.

Et à partir de là, la montagne a eu raison de moi.

J'ai passé presque tout le reste de l'ascension à lutter contre la pluie, la neige fondue et, enfin, la grêle. Pourtant, les intempéries n'étaient pas grand-chose comparées au reste…

J'avais des maux de tête, la nausée, des vertiges. Imaginez la pire gueule de bois de votre vie : ce que je ressentais était encore plus terrible. Je me suis replié sur le bord de la route, incapable de continuer, complètement démuni. Je ne savais pas quoi faire.

Mon cerveau refusait de travailler.

C'est là qu'une vieille Japonaise est venue à ma rescousse. Je l'avais rencontrée au pied de la montagne quelques heures plus tôt. Elle m'avait demandé de l'aide pour enfiler son énorme parka sans perdre l'équilibre, puis avait fièrement montré du doigt ses hanches et son genou gauche, améliorés depuis peu par des implants en inox et titane. Je m'étais alors dit qu'elle ne ferait pas la moitié du chemin. Pour être honnête, vu les conditions climatiques et la difficulté de l'ascension, je m'étais ensuite inquiété pour elle.

Voilà donc à quoi j'en étais réduit : secouru par une femme qui approchait les 90 ans et boitillait avec grâce en gravissant la montagne à l'aide de deux canes.

Quand elle s'est arrêtée pour prendre mon sac à dos et m'aider à me remettre sur pied, je me suis dit que rien n'aurait pu m'humilier davantage. Malheureusement, je me trompais. À ma grande consternation (et à celle des gens qui m'entouraient), j'ai alors découvert que l'être humain pouvait produire des quantités considérables de gaz.

Et c'est donc en pétant que j'ai poursuivi mon ascension du mont Fuji.

J'avais déjà entendu parler de l'hypoxie hypobarique, manque d'oxygène dû à une baisse de la pression atmosphérique. Mais je n'en avais jamais fait l'expérience jusque-là, et mon esprit n'était pas en état de comprendre que les flatulences, les vertiges, la confusion et l'épuisement faisaient simplement partie des joies du mal des montagnes.

Mais pourquoi moi et pas la charmante vieille dame qui m'accompagnait ? Pourquoi pouvait-elle encore bavarder, porter mon sac en plus du sien et se retourner de temps en temps pour m'encourager d'un sourire éclatant alors que j'avais le plus grand mal à la suivre ?

Il s'avère que mes gènes me rendent plus vulnérable au mal des montagnes. Au lieu de m'aider à gravir le mont Fuji, mon bagage génétique a pesé lourd sur mes épaules cette nuit-là.

Si seulement j'avais eu un peu plus de sang sherpa !

Toutes les civilisations, ou presque, ont un mythe qui raconte d'où vient leur peuple. Ce récit des origines comporte assez souvent un voyage fondateur – traversée d'une mer déchaînée, d'un désert aride ou d'une chaîne de montagnes escarpées…

Il y a une bonne raison à cela : même si nous nous sentons séparés par les barrières de la langue, de la culture ou de la politique, l'histoire collective de l'humanité est fondée sur le mouvement, sur la quête de pâturages plus verts ou d'eaux plus poissonneuses. Or, quand les peuples voyagent, leurs gènes les accompagnent : nous sommes tous des migrants génétiques.

La cartographie génétique nous aide aujourd'hui à explorer scientifiquement nos origines. Cependant, il reste encore beaucoup de mystères à percer, beaucoup d'histoires à découvrir[1].

L'une des plus fascinantes à mes yeux est celle des Sherpas, peuple originaire du plateau tibétain qui serait arrivé il y a environ cinq cents ans à un endroit particulier des montagnes himalayennes, le lieu habitable le plus proche du pic sacré Chomolungma[2].

Son autre nom vous est peut-être plus familier : il s'agit du mont Everest.

La plus grosse difficulté rencontrée auprès de cette montagne que les Sherpas surnomment « la mère du monde » est précisément la pénurie de ce qui rend la vie humaine possible : l'oxygène. Pangboché, le plus ancien village sherpa au monde, se niche à près de quatre kilomètres d'altitude, soit quelque 1 500 mètres au-dessus du seuil où la plupart des gens commencent à ressentir les effets de l'hypoxie hypobarique.

Personnellement, je ne compte pas y aller de sitôt.

Que se passe-t-il à une telle altitude chez la majorité des gens ? Si l'on monte très progressivement, on ne souffre parfois que d'un léger mal de tête assorti de fatigue, de nausées, voire d'euphorie[3].

Mais ceux qui n'ont pas hérité des gènes pour la vie en haute altitude en subissent les conséquences, comme moi sur le mont Fuji. Il y a toutefois des solutions, et en premier lieu prendre le temps de s'acclimater pour laisser une chance au génome de nous aider par le biais de l'expression génétique.

Il existe également des substances efficaces – prescrites sur ordonnance ou pas. On dit ainsi que les Indiens d'Amérique du Sud mâchonnent des feuilles de coca pour lutter contre les symptômes du mal des montagnes. Certains récits suggèrent par ailleurs que le café serait utile[4]. Cela expliquerait pourquoi le Coca-Cola que j'ai bu au sommet du mont Fuji m'a paru si bon, bien que j'aie cru sur le moment que c'était à cause du prix astronomique (dix dollars !) payé pour mon « passeport pour la fraîcheur[5] ».

En général, au bout d'une longue période en altitude, les gènes adaptent subtilement leur expression en poussant les cellules rénales à sécréter davantage d'érythropoïétine – hormone plus connue sous l'abréviation EPO. Celle-ci stimule à son tour les cellules de la moelle osseuse de façon à augmenter la production de globules rouges tout en rallongeant la durée de vie de ceux qui sont déjà en circulation.

Normalement, les globules rouges représentent un peu moins de la moitié de la composition sanguine, la proportion étant légèrement plus importante chez les hommes que chez les femmes. Plus le taux de globules rouges est élevé, mieux le corps absorbe et transporte l'oxygène indispensable à la vie. Les globules rouges sont en quelque sorte de petites éponges à oxygène. Plus on monte en altitude, moins il y a d'oxygène et plus on en a besoin. L'organisme, qui perçoit ces changements, demande donc aux gènes de s'adapter en modifiant leur expression.

Quand un surplus d'EPO s'avère nécessaire, le corps augmente la production en accroissant l'expression du gène du même nom. Mais tout a un coût, dans la vie biologique aussi. Le gène EPO ressemble donc à un lobbyiste essayant de convaincre les parlementaires d'investir un peu plus dans la production de globules rouges : quand on alloue des fonds supplémentaires à un projet, c'est le plus souvent au détriment d'un autre. La biologie n'est pas sans rappeler la finance : toute dépense de capital entraîne des coûts imprévus.

En cas de fortes dépenses génétiques en EPO (pour plus de globules rouges à disposition), l'un des coûts biologiques est l'épaississement du sang. Pareil à une huile de moteur de haute viscosité, ce dernier circule alors un peu moins vite, ce qui augmente bien sûr les risques de caillot.

Tant que le sang ne devient pas trop épais et ne le reste pas trop longtemps, un petit extra d'EPO génétique est le bienvenu, puisqu'il augmente le flux d'oxygène. Si le manque d'oxygène rend léthargique, un surplus permet au contraire d'accroître les dépenses énergétiques. Voilà pourquoi l'EPO synthétisée est un si beau cadeau pour les gens dont l'organisme est incapable de le produire en quantités suffisantes à cause d'une insuffisance rénale, et qui sont donc gravement anémiés.

Mais c'est aussi ce qui a fait son succès auprès des professionnels des sports d'endurance, du moins jusqu'à la mise au point de tests capables de la détecter. Parmi ses utilisateurs avoués ou pris sur le fait, citons Lance Armstrong, son collègue cycliste David Millar, ou encore la triathlète Nina Kraft.

Cependant, tout le monde n'a pas besoin d'EPO synthétique pour être avantagé dans les compétitions. Prenons Eero Antero Mäntyranta, skieur de fond légendaire qui a offert plusieurs médailles olympiques à la Finlande dans les années 1960 : il était atteint de polycythémie primaire congénitale familiale, pathologie qui entraîne un taux de globules rouges dans le sang naturellement plus élevé. Autrement dit, il bénéficiait d'un avantage génétique en matière d'aérobie.

On est donc en droit de se poser la question suivante : si certains disposent d'un atout génétique naturel – la capacité à transporter plus d'oxygène dans le sang, par exemple –, est-il vraiment injuste que les autres tentent de se mettre à son niveau ? Que ce soit bien clair, je ne veux pas me faire l'avocat du dopage. Mais comprendre l'impact des gènes sur la vie nous confronte inévitablement à cet état de fait : certains d'entre nous sont « naturellement dopés ».

Il serait ridicule d'affirmer que Mäntyranta ne doit ses exploits qu'à ses gènes. Même un athlète biologiquement avantagé doit fournir des efforts considérables pour atteindre un niveau international. Mais comme pour Shaquille O'Neal et ses 2,16 m, ou le nageur Michael Phelps aux bras et aux pieds démesurés, il serait bien naïf de croire que le patrimoine génétique n'y est pour rien.

La diversité du corps humain étant ce qu'elle est, lutteurs et boxeurs combattent depuis longtemps dans différentes catégories de poids. Quant aux pilotes de Formule 1, ils concourent au sein d'un système où toutes les voitures suivent à peu près le même cahier des charges. Enfin, les femmes et les hommes sont presque toujours séparés au niveau professionnel, les hommes adultes disposant souvent d'un avantage sur les femmes en termes de taille, de poids et de puissance. Même si elles sont parfois quelque peu arbitraires, ces mesures visent à maintenir une certaine justice dans les compétitions sportives.

À ce propos, précisons que Mäntyranta ne doit son système cardio-vasculaire suralimenté qu'à une seule lettre de son ADN. Celle-ci se trouve dans le gène EPOR qui code pour le récepteur de l'EPO. Au lieu d'avoir un G (pour guanine) en position nucléotidique 6002, Mäntyranta ainsi qu'environ trente membres de sa famille ont un A (pour adénine). Cette variation sur 0,000 000 03 % du génome suffit à donner un gène EPOR produisant une protéine réceptrice très sensible à l'EPO, ce qui augmente considérablement la production de globules rouges. Une lettre parmi des milliards, il n'en faut pas plus pour que la capacité du sang à transporter l'oxygène soit multipliée par deux[6].

Chacun d'entre nous porte en lui un changement mineur sur au moins une lettre de son génome. Plus les membres de la famille sont proches, plus leurs génomes sont analogues, et plus les ressemblances physiques sont probables. Mais si vous ne ressemblez pas du tout à vos frères et sœurs, n'allez pas penser que vous n'avez pas les mêmes parents : c'est simplement que vous avez hérité d'une autre combinaison de gènes.

Or ce dont vous avez hérité a été façonné par la vie de vos aïeux. C'est ce que nous avions vu concernant l'intolérance au lactose : si vos ancêtres n'ont pas élevé d'animaux pour consommer leur lait, vous serez sans doute obligé de faire une croix sur les crèmes glacées à l'âge adulte. Il existe d'innombrables adaptations de ce genre, et elles sont parfois nettement plus significatives.

Ce qui nous ramène aux Sherpas et à leur patrimoine génétique unique. Par fierté culturelle autant que par nécessité économique, ils ont pris en charge la lourde tâche d'aider les alpinistes étrangers à atteindre le sommet de la plus haute montagne du monde (qui culmine à 8 848 mètres, soit juste en dessous de l'altitude à laquelle volent la plupart des gros avions de ligne). Parmi ces guides étonnants se trouve un homme sans prétention dénommé Apa Sherpa, qui partage depuis 2013 le record mondial du plus grand nombre d'ascensions réussies du mont Everest, dont quatre sans apport supplémentaire en oxygène. Enfant, Apa n'avait jamais eu l'intention de gravir la montagne mais, quand il a découvert ses talents de grimpeur, il y a simplement vu un bon moyen d'aider sa famille[7].

Comment peut-il parvenir au sommet avec une telle aisance alors qu'aucun être humain n'y avait mis le pied avant 1953 ? Ou plus généralement, comment se fait-il que les Sherpas soient si bien adaptés à la vie en haute altitude ?

Vous l'aurez deviné, certains membres de cette ethnie ont hérité d'une mutation génétique aussi infime que déterminante. Dans leur cas, elle concerne le gène EPAS1, et, chose intéressante, elle entraîne non pas une hausse de la production de globules rouges mais une diminution, comme si leur réponse biologique en EPO était affaiblie.

Après ce que je vous ai dit du patrimoine génétique de Mäntyranta, cela ne semble pas très logique. Les Sherpas ne seraient-ils pas mieux lotis avec un sang épais comme le miel, débordant de globules rouges, et donc d'oxygène ?

Certes, oui, mais seulement pour un certain temps. Car souvenez-vous : si un sang épais peut s'avérer utile sur une courte période, cela augmente dangereusement les risques d'AVC. Or, les Sherpas ne se contentent pas de visiter les hauts plateaux himalayens, ils y habitent. Ils n'ont pas besoin d'un sang bien oxygéné pour des courses de ski ou de vélo, mais pour la vie de tous les jours.

Au lieu de produire toujours plus de globules rouges quand l'oxygène vient à manquer, la configuration du gène EPAS1 propre aux Sherpas leur offre donc la stabilité dans le temps – l'aptitude à envoyer suffisamment d'oxygène au corps même quand il se raréfie dans l'air ambiant.

En tant que groupe génétique spécifique, les Sherpas ne sont pas très anciens. Pour vous donner un ordre d'idée, leur migration vers Chomolungma daterait de l'époque où Christophe Colomb préparait son voyage vers ce qui allait devenir l'Amérique du Nord.

En fait, on pourrait envisager la mutation propre aux Sherpas comme un exemple de sélection naturelle. Selon certains chercheurs, ce serait la plus rapide évolution humaine connue à ce jour.

Autrement dit, la vie des Sherpas dans un environnement pauvre en oxygène a rapidement modifié leurs gènes, qui se sont ensuite transmis de génération en génération.

Vous aussi, vous avez sans doute hérité de certaines mutations. Peut-être pas sur les gènes EPOR ou EPAS1, mais sans doute sur ceux qui ont permis à vos ancêtres de survivre. Plus nous cartographions de génomes, mieux nous connaissons les polymorphismes nucléotidiques. Ces changements subtils qui affectent une seule lettre du génome sont magnifiquement diversifiés selon les peuples. Ils en disent long sur l'histoire de nos ancêtres et, ce faisant, sur nous-mêmes.

Alors que je contemplais le lever du soleil, assis au sommet du mont Fuji, j'ai soudain ressenti d'atroces douleurs : la nausée et les flatulences m'avaient fait oublier mes pieds, à présent couverts d'ampoules et de plaies. J'ai tranquillement siroté mon Coca-Cola avant d'ôter mes bottes pour évaluer les dégâts. Je croyais m'en être plutôt bien tiré jusqu'au moment où j'ai enlevé mes chaussettes. Les orteils étaient les plus durement touchés : comprimés dans mes bottes imbibées de pluie, ils s'étaient transformés en mini-saucisses incroyablement douloureuses. Je savais ce qui m'attendait, une longue, trop longue redescente. Aussi me suis-je pris à rêver : j'aurais voulu non seulement être un peu plus sherpa, mais aussi vivre sans connaître la souffrance…

Tout le monde fait l'expérience de la douleur à un moment ou à un autre de sa vie. Peut-être est-ce un vieux souvenir d'enfance, ou peut-être se fait-elle sentir en ce moment même. Quoi qu'il en soit, une chose est sûre : la douleur est une affaire sérieuse, en particulier quand elle est chronique. Vous serez sans doute surpris d'apprendre que son coût annuel dépasse les frais liés aux maladies cardiaques ou aux cancers, il est estimé à 635 milliards de dollars par an pour les seuls États-Unis[8].

En observant mes orteils sur le mont Fuji, je savais que ma douleur était bénigne et temporaire (du moins, je l'espérais). Ce n'est malheureusement pas le cas des millions de personnes qui voient leur vie gâchée par une douleur chronique. Leur souffrance n'a pas de prix.

Alors que je m'apprêtais à renfiler les chaussettes trempées sur mes pieds endoloris, rien n'aurait pu me faire plus plaisir que d'être au moins un instant affranchi de ces douleurs lancinantes. Je me suis imaginé en héros de BD doté de superpouvoirs. Je sais que je ne suis pas le seul à me livrer à ce genre de fantaisies : la plupart des gens donneraient beaucoup pour ne plus être sensible à la douleur. Mais avant que ce vœu ne s'exauce, je tiens à vous présenter une jeune fille de 12 ans dénommée Gabby Gingras.

Quand elle est née, ses parents ont très vite remarqué qu'elle était différente. Elle se griffait le visage, se mettait les doigts dans les yeux, se cognait la tête contre son berceau… tout cela sans jamais pleurer. Et quand ses dents se sont mises à pousser, expérience atrocement douloureuse pour la plupart des enfants, Gabby n'a pas manifesté le moindre signe de gêne[9].

Puis sont arrivées les morsures. De nombreux enfants mordent leurs parents ou leurs frères et sœurs. C'est d'ailleurs souvent à cause des dents que les mères mettent fin à l'allaitement. Mais Gabby ne mordait pas seulement les autres, elle se mordait aussi elle-même. Elle mâchait sa langue jusqu'à lui donner l'apparence d'un steak haché cru. Elle mâchonnait ses doigts au point de les faire saigner.

Il a fallu des mois avant qu'un médecin ne découvre pourquoi ce bébé se blessait : Gabby faisait partie des rares personnes au monde atteintes d'insensibilité congénitale à la douleur avec anhidrose, maladie génétique qui empêche de ressentir une quelconque douleur dans tout ou partie du corps.

Ceux qui naissent avec cette maladie sont sans doute plus nombreux qu'on ne le pense mais, en général, ils ne survivent pas longtemps – car, en réalité, une vie sans douleur peut difficilement perdurer.

Même après avoir compris de quoi souffrait Gabby, il n'y avait pas grand-chose à faire pour la protéger complètement. Plusieurs années devaient encore s'écouler avant qu'elle ne soit capable de se raisonner. En attendant, les parents ont fait ce qu'ils pouvaient pour la préserver de ses propres assauts. Ils ont pris la décision délicate de faire arracher ses dents de lait, mais les dents définitives, qui ont poussé prématurément, ont dû être enlevées à leur tour.

Bien que déjà gravement endommagé, son œil droit a pu être guéri en cousant les paupières provisoirement. La petite fille a ensuite porté des lunettes de natation pour le protéger. L'œil gauche, en revanche, n'a pas pu être sauvé. On le lui a enlevé alors qu'elle avait 3 ans.

Ainsi, même si l'on préférerait l'oublier quand elle se fait sentir, la douleur joue un rôle protecteur essentiel : elle nous permet de mûrir en fournissant des informations certes basiques, mais nécessaires pour prendre des décisions sensées. « J'ai mal quand je touche ça ? Très bien, alors je n'y toucherai plus. »

Pour que ce mécanisme se mette en place, le corps doit être capable de transmettre le signal de la douleur en le faisant passer d'une cellule à l'autre jusqu'au cerveau, par un processus extrêmement rapide qui repose sur des protéines spécifiques.

C'est ce qu'a mis en évidence la découverte, sur le gène SCN9A, de mutations responsables d'une maladie rare similaire à celle de Gabby[10]. La différence entre les gens insensibles à la douleur et les autres se résume donc à une petite variation du gène SNC9A.

L'altération du SNC9A et d'autres gènes associés entraîne des maladies regroupées sous le nom de « canalopathies ». Le terme renvoie aux pathologies dues à un dysfonctionnement des canaux ioniques, ouvertures à la surface des cellules chargées de déterminer ce qui peut entrer et sortir. Dans certains cas d'insensibilité à la douleur, la protéine codée par le gène SNC9A empêche la transmission : le message est bien là, mais il ne peut pas atteindre le cerveau.

On doit ces découvertes à un groupe de chercheurs du Cambridge Institute for Medical Research qui s'est intéressé au cas d'un petit Pakistanais réputé insensible à la douleur. Le jeune fakir gagnait sa vie en exploitant son don apparemment surnaturel dans des spectacles de rue. Il se plantait des aiguilles dans la peau, s'empalait avec toutes sortes d'objets contondants (et jamais aseptisés), avalait des sabres et marchait sur les braises sans montrer le moindre signe de gêne. On le voyait souvent à l'hôpital, où il venait faire soigner ses plaies après s'être planté des couteaux dans le corps. Mais quand les chercheurs sont arrivés à Lahore, il était malheureusement trop tard : l'adolescent avait perdu la vie, peu avant son quatorzième anniversaire, en sautant d'un immeuble pour impressionner ses copains. En interrogeant les membres de sa famille élargie, les scientifiques ont appris que plusieurs d'entre eux ne connaissaient pas non plus la douleur. Les analyses d'ADN ont ensuite révélé leur point commun, une même mutation sur le gène SCN9A. Je suis toujours ébahi devant les répercussions incroyablement variées des plus infimes modifications génétique ou épigénétique. Une lettre qui change, et nos os cassent à la moindre pression. Une autre variation, et on ne le sent même plus…

Notre compréhension de la douleur s'améliore rapidement depuis la découverte du gène SNC9A. La liste des autres gènes impliqués s'allonge de jour en jour, quatre cents sont déjà répertoriés. Ces avancées ont donné naissance à un axe de recherche totalement nouveau dont l'ambition est de parvenir, dans un futur proche, à réduire l'intensité de certaines douleurs chroniques de façon sélective. L'idée de sélectivité est primordiale car, comme nous l'avons vu avec Gabby ou le petit fakir, on peut difficilement se passer de la douleur immédiate et de son rôle protecteur indispensable à la vie.

Certaines des petites variations de nos patrimoines génétiques vont bien au-delà de la réaction à la douleur. Tenter de comprendre comment elles sont reliées les unes aux autres est le deuxième grand défi scientifique dans lequel je suis impliqué.

Quand le génome humain a été publié pour la première fois, tout le monde s'est empressé d'identifier les gènes associés à certains traits spécifiques, et les fruits les plus accessibles ont vite été cueillis. Parmi les pathologies déjà identifiées, bon nombre sont dites « monogéniques », c'est-à-dire que la perturbation ne provient que d'un seul gène. Mais dans des maladies comme le diabète et l'hypertension, où plus d'un gène entre sans doute en jeu, démêler l'écheveau des facteurs s'avère nettement plus difficile.

Pour vous faire une idée, imaginez que vous êtes dans l'école des sorciers de Harry Potter et que vous essayez de suivre un itinéraire donné du dortoir à la bibliothèque en passant par la salle de classe, la cour et le laboratoire (puis la même chose en sens inverse) tout en empruntant le grand escalier aux mouvements imprévisibles. Au moindre faux pas, vous retournez à la case départ. Il s'agit là d'une entreprise déroutante et frustrante, surtout quand il y va de la vie et de la mort.

Aujourd'hui, la génétique ne se contente plus de chercher certains gènes liés à telle ou telle fonction. Elle s'attache plutôt à mettre en lumière le génome en tant que réseau – et aussi, bien sûr, à observer comment le vécu influence ce système complexe par des mécanismes tels que l'épigénétique.

Mais le plus grand défi sera sans doute de comprendre comment les expériences vécues par les parents et les ancêtres relativement proches ont laissé leur marque sur les paysages génétiques variés des générations présentes.

Connaître ces variations aide à faire des choix plus avisés dans tous les domaines de la vie, des aventures à entreprendre (personnellement, j'ai fait une croix sur les marches en haute montagne) au lieu de résidence (vous ne me verrez jamais emménager à Alma, Colorado, 3 224 mètres d'altitude) en passant par le régime alimentaire (je m'en tiendrai aux gnocchis de semoule, à déguster au niveau de la mer).

Toutes ces caractéristiques transmises génétiquement composent l'héritage unique de chaque individu.

À part le distributeur de Coca et mes pieds endoloris, je ne me rappelle pas grand-chose de ce moment passé au sommet du mont Fuji. Mais je me souviens du lever du soleil, et je me souviens avoir regardé autour de moi, à cet instant précis, les visages des gens de tous âges qui partageaient la même expérience. Certains paraissaient rajeunis, frais et dispos comme s'ils avaient passé la nuit à dormir tranquillement et non pas à gravir la montagne. Ils étaient aussi radieux que le soleil tandis que les autres, dont je faisais partie, semblaient à deux doigts de s'évanouir.

Peu après, nous nous sommes tous préparés à repartir. Notre guide est arrivé, pointant du doigt un endroit derrière les nuages : il était temps pour nous de redescendre la montagne. En faisant mon sac et en cherchant désespérément des chaussettes propres pour le chemin du retour, je n'ai pas pu m'empêcher de penser que, malgré mon absence criante de gènes sherpas, j'avais tout de même réussi à atteindre le sommet du mont Fuji. J'y vois un symbole de la capacité humaine à surmonter les prétendues limitations de son patrimoine héréditaire. Être quelqu'un de spécial, en fin de compte, c'est peut-être tout simplement vivre pleinement sa vie quels que soient les gènes dont on a hérité.

CHAPITRE 9

PIRATER LE GÉNOME

Pourquoi l'industrie du tabac, les assureurs, votre médecin et même votre chéri(e) veulent décoder votre ADN

Le cancer est la peste des temps modernes. Et en un sens, on peut le voir comme un succès. C'est le fruit d'immenses progrès accomplis dans la lutte contre des maladies infectieuses qui avaient jusque-là constitué la principale cause de mortalité humaine. Aujourd'hui, dans le monde développé, le plus grand danger vient non plus des rats, des tiques, des virus ou des bactéries, mais bien des profondeurs de son propre corps.

Environ 7,6 millions de personnes meurent chaque année d'un cancer. Prenez dix personnes au hasard : quatre d'entre elles en souffriront au cours de leur vie[1].

Connaissez-vous seulement une famille épargnée ? Pas moi, et je pense que tout le monde a déjà envisagé cette éventualité pour lui ou l'un de ses proches.

Ce n'est pas une nouveauté. Certains archéologues et anthropologues pensent que Hatshepsout, la reine-pharaon qui a régné le plus longtemps sur l'Égypte, serait morte des suites d'un cancer[2]. Remontant encore plus loin dans l'histoire de l'évolution, des paléontologues ont trouvé sur des squelettes la preuve que les dinosaures étaient eux aussi victimes de cancers[3] (en particulier les hadrosaures, herbivores de la fin du Crétacé qui se nourrissaient des feuilles et des fruits de conifères soupçonnés d'être cancérigènes).

De nos jours, chez l'être humain, la forme la plus courante de ce redoutable fléau est le cancer des poumons[4]. Or, si 80 à 90 % des cas concernent des fumeurs, ces derniers n'encourent pas tous les mêmes risques[5].

Prenons le comédien George Burns. Voici ce qu'il confiait dans l'une de ses dernières interviews, à 98 ans, au magazine *Cigar Aficionado* : « Si j'avais arrêté de fumer comme le conseillait mon médecin, je n'aurais sans doute pas vécu assez longtemps pour assister à ses funérailles[6]. » Le penchant de Burns pour les cigares (dix à quinze par jour pendant soixante-dix ans) a-t-il contribué à sa longévité ? Probablement pas. Mais pour autant que l'on sache, il semble que ces milliers d'El Productos n'aient pas non plus écourté sa vie.

Certains y voient la preuve que le tabac n'est pas aussi mauvais qu'on ne le dit. Ils ont tort, mais il est vrai que si les mauvaises habitudes de vie (comme fumer, boire ou manger à outrance) augmentent les risques (les fumeurs sont quinze à trente fois plus vulnérables au cancer du poumon), elles ne condamnent pas non plus à la maladie (pas plus d'un fumeur sur dix sera effectivement touché par cette forme de cancer).

Autrement dit, fumer revient à jouer à la roulette russe, sans parler du prix des cigarettes et des risques que le tabagisme passif fait courir à notre entourage – généralement ceux qui nous sont les plus chers.

Reste encore à savoir pourquoi certaines personnes peuvent fumer toute leur vie sans développer de cancer. Nous n'avons pas encore trouvé la combinaison magique d'éléments génétiques, épigénétiques, comportementaux et environnementaux qui permettrait de prédire avec certitude qui court le plus grand risque. Dénouer l'écheveau n'est pas chose facile. Un mélange de facteurs génétiques et environnementaux entre probablement en jeu dans la vulnérabilité des fumeurs au cancer du poumon. Les études sérieuses sont rares dans ce domaine. Les scientifiques, on les comprend, n'ont pas très envie de s'atteler à des recherches qui pourraient avoir l'effet pervers de rassurer certains groupes de fumeurs.

Il existe toutefois un secteur qui s'intéresse de près à ce secteur de recherche : c'est bien sûr l'industrie du tabac.

Dans les années 1920, les scientifiques honnêtes savaient déjà qu'il existait probablement un lien entre tabagisme et cancer du poumon. D'ailleurs, n'importe quelle personne sensée peut se douter qu'il n'est pas bon de mettre à la bouche un bout de papier en combustion imprégné de produits chimiques et fourré de feuilles de tabac, d'engrais, d'insecticides et que sais-je encore…

Pendant les trois décennies suivantes, les effets pernicieux du tabac sont pourtant restés largement ignorés du grand public.

Jusqu'au jour où l'auteur new-yorkais Roy Norr a levé le silence. Son premier exposé médical sur les méfaits du tabagisme, paru en octobre 1952 dans une revue relativement obscure intitulée *Christian Herald,* n'a pas eu beaucoup de retentissement. Mais quand le *Reader's Digest*, magazine alors le plus largement diffusé au monde, a publié une version abrégée de l'article, les vannes se sont brusquement ouvertes[7] : au cours des années suivantes, un déluge d'articles accablants est paru dans la presse américaine[8].

Les rapports s'appuyaient sur des études quantitatives de plus en plus sophistiquées. Cela nous paraît normal aujourd'hui mais, dans les années 1950, ce type de recherche scientifique était encore assez rarement appliqué à la médecine. On peut y voir un succès de la science, mais c'est en fait le résultat d'un échec de l'humanité : les deux guerres mondiales, les premières bombes atomiques, les nouvelles armes chimiques et biologiques, le bombardement de villes entières avaient fait de nous des experts pour semer la mort et l'analyser. La salve lancée contre le tabac est l'un des premiers cas où ces données quantitatives ont pu servir la médecine. Elle est d'ailleurs arrivée au bon moment puisque des fonds sans précédents ont été alloués à la recherche médicale après la Seconde Guerre mondiale.

L'industrie du tabac a vite riposté. À l'époque, aux États-Unis, plus de 40 % des adultes fumaient régulièrement. Avec une moyenne de 10 500 cigarettes par fumeur et par an, cela donnait un beau total annuel de 500 milliards de cigarettes[9].

L'industrie du tabac s'en mettait plein les poches. Elle n'était d'ailleurs pas la seule, puisque l'État américain prélevait la coquette somme de 7 cents sur chaque paquet de cigarettes vendu[10]. Sur un an, le total s'élevait à 1,5 milliard de dollars (soit quelque 13 milliards de dollars actuels), sans compter tous les emplois assurés dans les États historiquement liés à la culture du tabac tels que la Virginie, le Kentucky ou la Caroline du Nord[11].

Face au déferlement de critiques, les magnats du tabac devaient au moins donner l'impression d'agir. Quatorze industriels se sont donc associés pour publier une pleine page de publicité dans plus de quatre cents journaux américains. Dans leur « Déclaration sincère aux fumeurs de cigarettes », ils affirmaient sans vergogne que les récentes études sur les méfaits du tabagisme n'étaient « pas jugées concluantes dans le domaine de la recherche sur le cancer ».

« Nous pensons que nos produits ne sont pas préjudiciables à la santé, poursuivaient les industriels. Depuis plus de trois siècles, le tabac offre réconfort, détente et plaisir à l'humanité. Au fil du temps, ses détracteurs l'ont accusé de pratiquement tous les maux, mais ces allégations sont abandonnées les unes après les autres faute de preuves suffisantes. »

Dans le même communiqué, les magnats du tabac proposaient quelque chose d'assez remarquable étant donné leur incrédulité affichée : ils s'engageaient à créer le Tobacco Institute Research Committee, commission indépendante chargée de passer en revue les dernières études et de conduire ses propres recherches sur les effets du tabagisme.

Bien sûr, la commission (plus tard rebaptisée Council for Tabacco Research) ne bénéficiait d'aucune réelle indépendance. Sa véritable mission était même franchement perverse : pendant les quelques décennies suivantes, elle allait rassembler des milliers d'articles scientifiques et de coupures de presse en y cherchant des incohérences ou des résultats contradictoires qui seraient ensuite utilisés dans des actions de communication et pour contrer les poursuites judiciaires et les projets de loi. La commission allait ainsi continuer de semer le doute quant aux réels dangers du tabagisme.

À la tête de cette mission de désinformation se trouvait un généticien du nom de Clarence Cook Little. Son travail sur l'hérédité mendelienne avait été très influent avant la Première Guerre mondiale, et son riche parcours professionnel l'avait conduit à la présidence des universités du Maine et du Michigan. Il avait toutefois exercé d'autres fonctions plus controversées, notamment comme président de la « Ligue américaine pour le contrôle des naissances » (American Birth Control League) et de la « Société américaine d'eugénique » (American Eugenics Society).

Mais la ligne de son CV qui intéressait tout particulièrement les compagnies de tabac était son mandat de directeur général de la « Société américaine pour le contrôle du cancer» (American Society for the Control of Cancer), aujourd'hui connue sous le nom de «Société américaine du Cancer» (American Cancer Society).

En 1955, Edward R. Murrow l'invitait sur le plateau de son émission *See It Now* et lui demandait si les cigarettes contenaient des substances cancérigènes.

«Non, avait-il répondu avant de poursuivre avec son fort accent de la Nouvelle-Angleterre, absolument aucune, ni dans les cigarettes, ni dans toute autre forme d'inhalation[12].»

Il ne plaisantait pas, mais cet extrait où l'on voit Little mâchonner une pipe qui s'avère éteinte allait être rediffusé à maintes reprises et faire rire plusieurs générations d'Américains.

À son crédit, il faut ajouter que sa réponse complète était un peu plus nuancée. «C'est très intéressant, car il y a de nombreux agents cancérigènes dans le goudron. Je suis certain que la recherche dans ce domaine va continuer. Il faut chercher les substances cancérigènes dans toutes sortes de matériaux.»

Bref, ce ne sont pas les cigarettes qui provoquent le cancer, c'est le goudron de la fumée inhalée. Mais où s'accumule ce dernier si ce n'est dans les poumons ? Little aurait pu faire carrière dans la politique s'il n'avait joui d'une telle situation auprès de l'industrie du tabac. Comme le dit George Orwell, ces tours de passe-passe servent à «donner aux mensonges un air de vérité, et aux meurtres, un vernis de respectabilité».

Little tournait peut-être autour du pot, mais il ne mentait pas, du moins pas tout à fait. Il faut admettre que la plupart des travaux de l'époque cherchaient un lien direct et spécifique entre le tabagisme et le cancer du poumon. Or, il faudrait encore attendre plusieurs années avant de disposer des outils nécessaires pour identifier les causes précises du cancer.

Pour ce qui nous concerne, une autre phrase lancée ce soir-là par Little s'avère encore plus intéressante. Elle pourrait donner une idée de ce qui nous attend – non seulement de la part de l'industrie du tabac, mais aussi de tous les secteurs dont les produits rendent les gens malades.

« Ce qui nous intéresse au plus haut point, poursuivait-il, c'est de savoir quel genre de personnes entre dans la catégorie des gros fumeurs, et quel genre de personnes n'y entre jamais. Tout le monde ne fume pas, et ceux qui fument ne deviennent pas tous de gros fumeurs. Quels sont les facteurs pouvant expliquer ces différences ? La consommation excessive de tabac serait-elle le fait d'individus particulièrement nerveux ? Ou serait-ce dû à une réaction spécifique au stress ? Il est clair, en tout cas, que certaines personnes le supportent moins bien. »

Intéressé au plus haut point ? Évidemment, et c'est encore vrai de nos jours. Si l'industrie du tabac parvenait à expliquer pourquoi certaines personnes risquent davantage de devenir gros fumeurs – et donc de tomber malade –, elle pourrait se dédouaner en arguant que le problème ne vient pas des cigarettes elles-mêmes, mais bien d'une vulnérabilité héréditaire accroissant les risques de consommation excessive.

Si vous n'avez pas encore entendu ce genre d'arguments dans la bouche des fabricants de sodas ou de *junk-food*, ouvrez grand vos oreilles, car cela ne saurait tarder. La prochaine fois que quelqu'un poursuivra en justice une chaîne de fast-food pour l'avoir rendu obèse (comme l'a fait un manager de McDonald's brésilien il y a quelques années), vous pouvez être sûr que le génome du plaignant (ainsi que son microbiote bactérien) figurera parmi les arguments de la défense.

Pour ce qui est de se dégager de ses responsabilités, les grandes entreprises savent y faire.

Vous voulez des preuves ? Alors, allons voir du côté des chemins de fer Burlington Northern Santa Fe (BNSF).

Le corps humain n'est pas fait pour la vie que nous menons aujourd'hui.

L'homme est un animal actif, du moins il l'a été. Son activité physique était plus intense au temps de la préhistoire, quand il fallait attraper le petit gibier, escalader des rochers, traverser des fleuves à la nage ou courir pour échapper au tigre à dents de sabre[13].

La révolution industrielle, et surtout la révolution numérique, ont apporté deux changements notoires : l'humanité s'est sédentarisée et ses actes sont devenus extrêmement répétitifs.

Depuis quelques siècles, l'homme fait violence à son corps en répétant les mêmes gestes des milliers, voire des millions de fois. Or, des douleurs lombaires au syndrome du canal carpien, ce sont les articulations qui en font les frais.

Nous devons la compréhension de ces microtraumatismes répétés au père de la médecine du travail, un médecin italien du nom de Bernardino Ramazzini. Aujourd'hui encore, les professionnels de la santé publique citent son livre publié à Modène en 1700, *De Morbis Artificum Diatriba*.

Vous vous demandez ce qu'un médecin italien du XVIIe siècle peut bien nous apprendre sur la vie de bureau au XXIe siècle ? Voyez un peu ce qu'il écrit dans son *De Morbis* :

« Les maladies dont souffrent les greffiers, les secrétaires et les commis chargés des comptes ont trois causes : premièrement, une position assise prolongée, deuxièmement, l'incessant mouvement de la main toujours dirigé dans la même direction et, troisièmement, l'effort mental nécessaire pour ne pas défigurer le livre avec des ratures ou causer des pertes à l'employeur à cause d'additions, soustractions et autres calculs arithmétiques erronés [...]

Le mouvement incessant de la plume sur le papier provoque une fatigue intense de la main et du bras due à la tension continue et presque tonique des muscles et des tendons, laquelle engendre au fil du temps un affaiblissement de la main droite…[14] »

C'était bien vu de la part de Ramazzini. Il décrit là, de façon succincte mais très juste, ce que l'on connaît aujourd'hui sous le nom de « microtraumatismes répétés ».

Trois siècles avant nous, il avait déjà compris que répéter sans cesse le même geste était mauvais pour la santé.

Ce qui nous ramène à la compagnie de chemins de fer BNSF. Fondée en 1849 dans le Midwest des États-Unis, elle est aujourd'hui l'une des plus grosses entreprises de transport de marchandises en Amérique du Nord, avec des lignes de fret parcourant vingt-huit États américains et deux provinces canadiennes.

Près de 40 000 employés s'occupent de la maintenance. Comme vous pouvez l'imaginer, travailler sur des lignes de chemin de fer s'avère physiquement éprouvant. Il n'est donc pas surprenant que certains employés soient parfois arrêtés pour cause de maladies professionnelles. Et comme cela entraîne des frais considérables pour l'employeur, les dirigeants de la BNSF ont cherché un moyen de réduire les coûts.

Ils auraient pu se montrer plus attentifs à l'amélioration des normes de santé au travail, encourager leurs employés à prendre davantage de pauses, ou encore instaurer une rotation des postes pour leur éviter d'accomplir la même tâche trop longtemps. Mais ils n'ont rien fait de tout cela.

En lieu et place de ces solutions, ils ont choisi de fouiller le génome de leurs employés[15].

L'un des dirigeants de la BNSF s'est apparemment intéressé à la génétique en apprenant que l'ADN pouvait prédisposer à certains symptômes comme les fourmillements dans les doigts et la faiblesse ou l'engourdissement de la main, lesquels sont aujourd'hui regroupés sous le nom de « syndrome du canal carpien »[16]. Les employés demandant une indemnisation pour maladie professionnelle liée au canal carpien se sont donc bientôt vus contraints de subir une prise de sang. Sans les informer ni leur demander leur accord, l'analyse devait ensuite révéler si l'employé était génétiquement prédisposé aux douleurs et blessures du poignet.

Confrontés au risque de perdre leur emploi s'ils refusaient le test, quasiment tous les employés auraient accepté de s'y soumettre. Mais au moins l'un d'entre eux a décidé de riposter. Il y a finalement eu un règlement à l'amiable, pour un montant de 2,2 millions de dollars, entre la BNSF et la Commission américaine pour l'égalité des chances dans l'emploi (U. S. Equal Employment Opportunity Commission), laquelle avait soutenu les employés en arguant que les tests violaient la loi relative aux citoyens américains handicapés (Americans with Disabilities Act).

C'était le début des années 2000. Aujourd'hui, la législation fédérale protège les citoyens américains contre ce genre de dérives. La loi relative à l'information génétique et à la non-discrimination (Genetic Information and Nondiscrimination Act, GINA) a été conçue pour éviter la discrimination génétique dans l'accès à l'emploi et aux mutuelles de santé. Signée en 2008 par le président George W. Bush et surnommée « loi anti-Gattaca » (la rumeur veut que certains hommes politiques aient décidé de soutenir le projet de loi après avoir vu le film *Bienvenue à Gattaca*, qui met en scène une société génétiquement hiérarchisée), GINA a été présentée comme un grand pas en avant dans la lutte contre les discriminations liées aux tests génétiques.

Malheureusement, elle n'offre aucune garantie en matière d'assurances vie et invalidité. Cela signifie que si l'on a hérité d'une mutation génétique, disons sur le gène BRCA1, qui pourrait réduire l'espérance de vie ou augmenter les risques de handicap, les assureurs ont le droit d'augmenter leurs prix, et même de refuser la signature d'un contrat. Voilà pourquoi je demande toujours à mes patients de bien réfléchir aux conséquences possibles, pour eux-mêmes et pour leur famille, d'un test génétique non anonyme. Car si ces informations revêtent parfois une importance vitale, elles peuvent aussi porter préjudice au patient, à sa famille proche, ainsi qu'à sa future descendance.

Les tests et le séquençage génétiques sont de plus en plus couramment utilisés dans diverses spécialités, de la pédiatrie à la gérontologie, et nous avons donc de plus en plus de données génétiques à notre disposition pour faire le lien entre patrimoines génétiques individuels et risques de santé particuliers.

L'« Obamacare » a pour ambition d'offrir un meilleur accès aux soins à de nombreux citoyens américains, mais ce système de protection sociale pourrait aussi avoir l'effet pervers d'ouvrir la voie à la discrimination génétique. En effet, grâce à une lacune évidente et délibérée dans GINA, les compagnies d'assurances sont libres d'utiliser ces données génétiques dans leur calcul des primes d'assurance vie ou invalidité.

Et quand on sait qu'un assureur potentiel – ou n'importe qui d'autre, en l'occurrence – n'a même pas besoin de mettre la main sur l'une de nos cellules pour obtenir toutes sortes d'informations sur notre patrimoine génétique, cela devient vraiment inquiétant.

Si le partage de données génétiques est une pratique courante dans le milieu scientifique, les renseignements personnels comme le nom ou le numéro de sécurité sociale sont toujours supprimés des fichiers. Nous pensions avoir là un protocole de respect de la vie privée relativement solide, mais c'était sans compter une équipe composée d'experts biomédicaux, d'éthiciens et d'informaticiens de Harvard, du MIT, de Baylor et de l'université de Tel-Aviv, qui y a vu au contraire un vivier d'informations à pirater.

En entrant ces bribes de données apparemment anonymes dans des sites de généalogie amateur (où il est de plus en plus courant d'inclure des renseignements génétiques pour retrouver certains membres de sa famille), les chercheurs ont facilement identifié les groupes familiaux des patients anonymes. Ensuite, il leur a suffi de recouper ces résultats avec les quelques informations qui accompagnent souvent les échantillons partagés – l'âge et le lieu de résidence, par exemple – pour obtenir l'identité précise de bon nombre d'individus[17].

Cela fonctionne aussi dans le sens inverse. L'un des membres de votre famille a-t-il survécu à un cancer ? Tenait-il un blog ? En a-t-il parlé sur Facebook ou sur Tweeter ? Les réseaux sociaux ne sont pas seulement un bon moyen de garder le contact, ils constituent aussi une riche source d'informations pour les fins limiers de la génétique. Un tiers des employeurs avouent avoir déjà utilisé les données des réseaux sociaux pour éliminer certains candidats à l'emploi[18]. Or aux États-Unis, ce sont les employeurs qui paient l'assurance maladie de leurs salariés, et les prix ne cessent d'augmenter. Les entreprises pourraient donc se sentir en droit de procéder à une petite enquête médicale sur les réseaux sociaux avant de recruter un nouvel employé.

À l'aide d'un nom et des millions d'archives généalogiques disponibles sur le Net, quelqu'un de curieux et d'averti – qui envisage par exemple une embauche, un rendez-vous galant, voire un mariage – peut en savoir davantage sur un individu que ce dernier n'en connaît lui-même[19]. D'ailleurs, si vous étiez cet individu curieux et averti, s'il existait un moyen simple d'accéder aux données génétiques de quelqu'un sans qu'il le sache, jusqu'où seriez-vous capable d'aller ? Autrement dit : seriez-vous prêt à pirater le génome de quelqu'un ?

J'essayais d'arrêter un taxi quand mon téléphone a vibré pour annoncer l'arrivée d'un nouvel e-mail. Il provenait d'un ami, David, qui venait tout juste de se fiancer à une certaine Lisa, photographe de mode vivant elle aussi à New York. J'avais eu le plaisir de la rencontrer quelques semaines avant leurs fiançailles, à l'occasion de sa première exposition personnelle dans une galerie de Soho.

David me demandait si j'avais du temps à lui accorder, il voulait me poser quelques questions sur les tests génétiques. Je n'étais guère étonné, les gens de mon entourage me demandent souvent des renseignements sur ce domaine en rapide évolution. David m'avait parlé de son envie de fonder une famille, je me disais donc qu'il voulait profiter des nouvelles possibilités offertes par les tests génétiques prénataux. Ces derniers permettent de repérer une centaine de mutations chez les couples et d'obtenir une vue d'ensemble de leur compatibilité génétique. Nous sommes tous porteurs de quelques mutations récessives. Isolées, elles sont le plus souvent inoffensives, mais si les deux partenaires ont le même gène défectueux, tous les ingrédients sont réunis pour l'accident génétique. De plus en plus de couples ont recours à ce dépistage avant de se lancer dans l'aventure de la parentalité. Il n'y a rien de plus facile : il suffit de cracher dans un petit flacon, de l'envoyer par la poste, puis d'attendre les résultats.

En général, les mutations n'affectent pas les mêmes gènes chez les deux partenaires, l'incompatibilité génétique est donc rare. Mais quand j'ai appelé David, une fois dans le taxi, j'ai appris que ce n'était pas les tests prénataux qui l'intéressaient. Ce qu'il voulait, c'était avoir accès au génome de sa fiancée sans qu'elle en soit informée.

David se faisait du souci depuis que Lisa avait retrouvé son père biologique. Adoptée très jeune, elle était partie à sa recherche en prévision du mariage, auquel elle voulait l'inviter. Or, une conversation autour d'un café lui avait appris que sa mère biologique était morte suite à des symptômes qui rappelaient fortement la maladie de Huntington.

Cette affection neurodégénérative héréditaire consiste en une lente dégénérescence des cellules nerveuses du cerveau. Il n'existe aucun traitement. Elle entraîne un affaiblissement de la coordination musculaire, l'apparition de troubles psychiatriques, puis un déclin des fonctions cognitives suivi d'une mort prématurée.

Mais la fiancée de David ne voulait pas entendre parler de test génétique.

« Si je te donnais un de ses cheveux, ou quelque chose comme sa brosse à dents, ça devrait suffire, non ? C'est juste histoire de vérifier, tu vois. On ne serait même pas obligés de lui en parler. Je sais que tu dois me prendre pour un fou. Mais ce serait tellement plus simple si je pouvais savoir ce qui m'attend... »

Le service qu'il me demandait posait un problème éthique. Dans de nombreux pays, c'est même complètement illégal[20]. Mais, plutôt que de lui exprimer tout de suite mon désaccord et mon refus de coopérer en le laissant se débrouiller par lui-même, je me suis dit qu'il valait mieux l'inviter à boire un verre. David avait encore quelques courses à faire après le travail et nous avons donc convenu d'un rendez-vous à 10 heures. J'étais curieux de savoir comment il avait pu se mettre en tête une idée qui lui ressemblait si peu.

C'était l'une de ces soirées d'août odieusement chaudes et humides où la plupart des gens se réfugient dans les lieux climatisés de Manhattan, voire en dehors de la ville s'ils ont la chance de pouvoir se le permettre. En sortant du taxi pour m'engouffrer dans le bar, j'étais heureux d'échapper à la moiteur ambiante.

J'ai trouvé deux tabourets libres et je me suis assis pour prendre ma commande. En regardant le barman préparer mon mojito d'une main experte, j'ai pensé à David et décidé d'appeler mon amie Kelly. Elle travaille dans le social et a beaucoup d'expérience auprès des proches de personnes venant de recevoir un diagnostic de maladie mortelle.

« Essaie d'identifier les peurs qui peuvent naître à l'idée d'épouser une femme qui a peut-être une maladie héréditaire mortelle. Ensuite, vois quel genre de discussions ils ont déjà eu. La plupart des gens ne veulent pas montrer leurs faiblesses, surtout devant la personne qu'ils aiment. Mais s'il ne lui a pas parlé de ses appréhensions, ils ne pourront pas discuter honnêtement de ce que cela implique pour leur avenir commun et leur relation, ni se mettre d'accord sur la décision à prendre. »

David est arrivé quelques minutes plus tard. Évidemment, il n'avait aucune envie de parler d'éthique médicale. Ce dont il avait besoin, c'était surtout d'être entendu.

La soirée que nous avons passée ensemble m'a rappelé que ne pas savoir était parfois plus compliqué et douloureux que savoir. Je connaissais David depuis assez longtemps pour voir combien il souffrait. Il avait l'impression que la femme de sa vie gardait jalousement un secret qu'elle s'obstinait à ne pas révéler.

J'ai fait de mon mieux pour l'écouter d'une oreille attentive en prenant la parole uniquement quand je me sentais capable de lui apporter de vraies réponses – pour tout dire, rarement. Il m'a raconté la surprise de Lisa quand elle a découvert que son père biologique était encore en vie et habitait non loin de chez eux, dans l'État de New York. Il m'a raconté sa peine quand elle a appris que sa mère était morte jeune en laissant trop de questions sans réponse. Enfin, il m'a fait part de sa propre frustration face à l'ambivalence apparente de Lisa et son opposition farouche au test.

« Je ne comprends pas pourquoi elle ne veut pas savoir », répétait-il.

Digne représentant de l'ère numérique, David était déjà bien renseigné sur la maladie de Huntington. Il avait notamment appris que, contrairement aux autres affections dues à la mutation d'une seule lettre, l'anomalie génétique en cause était comparable à un disque rayé qui saute sans arrêt. Sur un gène appelé HTT, on observe en effet une suite de trois nucléotides (cytosine, adénine et guanine) plus longue que la normale parce qu'elle se répète des dizaines de fois.

Tout le monde présente un certain nombre de répétitions sur ce gène mais, à partir de quarante, il est à peu près certain que la maladie de Huntington se développera. Plus il y a de répétitions, plus elle se déclarera tôt. S'il y en a plus de soixante, les symptômes peuvent même apparaître dès l'âge de 2 ans.

Nous ne savons pas vraiment pourquoi, mais chez la plupart des sujets qui développent la maladie très tôt, le gène défectueux provient du père. Cependant, même dans le cas d'une transmission maternelle, on note que le nombre de répétitions augmente généralement d'une génération à l'autre. En génétique, on appelle « anticipation » cette aggravation des anomalies au cours des générations.

David semblait donc bien informé sur la maladie de Huntington, et en particulier sur son mode de transmission. Pour qu'elle se déclare, il suffit d'un seul gène avec un nombre de répétitions anormalement important. Il savait donc que Lisa avait une chance sur deux d'être atteinte si sa mère l'avait été, et que, si c'était le cas, les premiers symptômes se développeraient encore plus tôt à cause des mécanismes d'anticipation.

Il ne pourrait alors pas vieillir avec elle. Au lieu de cela, il serait le témoin obligé d'un changement de personnalité progressif chez Lisa, la maladie remodelant le cerveau et décomposant peu à peu l'esprit. Aurait-il la force émotionnelle, mentale et physique nécessaire pour bien s'occuper d'elle ?

« Mais oui, j'en suis capable. Seulement, j'aurais aimé savoir ce qui nous attend. Je sais que faire le test sans son accord n'est pas une bonne chose. Mais le pire pour moi, c'est de ne pas savoir. Qu'est-ce qui l'empêche de se faire dépister ? Quels que soient les résultats, ça pourrait nous aider à vivre notre vie autrement… Mais bon, je suppose que c'est à elle de choisir, en fin de compte. »

Voilà, tout était dit. David a brusquement mis fin à la conversation. J'ai demandé l'addition et me suis préparé à l'épreuve du taxi étouffant et poisseux qui me ramènerait chez moi.

J'aurais voulu vous dire que cette histoire s'est bien terminée, qu'ils vivent ensemble une vie merveilleuse dans un quartier branché de Brooklyn, exactement comme ils l'avaient prévu, que David a trouvé le courage de reparler du dépistage, et qu'elle a finalement accepté.

Et, plus que tout, j'aurais voulu vous dire que le test s'est révélé négatif.

La réalité, c'est que David et Lisa ne se sont toujours pas mariés. Elle porte encore sa bague, et ils sont encore fous amoureux – fous comme nous rendent parfois la vie et l'amour. David essaie toujours d'accepter le fait que Lisa ne veuille pas savoir ce qui les attend. Lisa, de son côté, a pris contact avec un conseiller spécialisé dans l'aide aux familles touchées par la maladie de Huntington, bien qu'elle ne soit toujours pas décidée à passer le test à l'heure où j'écris ces lignes.

Avec des dépistages génétiques de plus en plus simples et bon marché, ce genre de cas de conscience est appelé à devenir plus courant – pour cette maladie et bien d'autres. Faut-il, oui ou non, pirater le génome ? Cette question délicate se posera de plus en plus souvent, mais nous n'aurons pas toujours le raffinement moral ni l'expérience nécessaires pour faire des choix avisés.

En entrant de plain-pied dans cette nouvelle ère, nos relations seront mises à l'épreuve, la vie s'en trouvera changée et nos corps, nous allons le voir, suivront eux aussi le mouvement.

Angelina Jolie savait que les chances n'étaient pas de son côté.

L'actrice primée aux Oscars avait beau être riche et célèbre, elle s'était sentie totalement impuissante en voyant sa mère perdre un long combat contre le cancer du sein. Pour s'assurer qu'elle resterait encore longtemps auprès de ses enfants et de son mari, elle a donc passé un test génétique. Or, celui-ci a révélé une mutation sur le gène BRCA1.

Chez la plupart des femmes, une telle mutation signifie que les risques de cancer du sein sont d'environ 65 %. Le gène BRCA1 appartient en effet à un groupe de gènes qui, lorsqu'ils sont fonctionnels, empêchent la formation de tumeurs en freinant toute croissance rapide ou anormale des cellules. Et ses compétences ne s'arrêtent pas là : il peut aussi coopérer avec d'autres gènes pour réparer l'ADN endommagé.

Nous avons déjà parlé en détail de certains comportements qui modifient l'expression des gènes par des mécanismes épigénétiques. Mais ce que vous ne savez peut-être pas, c'est qu'une bonne partie de nos actes quotidiens abîment l'ADN. Sans le savoir, vous le malmenez probablement depuis des années.

S'il existait une Brigade de protection des gènes, cela ferait sans doute longtemps qu'elle vous aurait retiré votre génome pour lui éviter vos mauvais traitements.

Même quelque chose d'apparemment bénéfique peut se révéler incroyablement nocif. Prenons le cas d'une petite semaine de détente à l'étranger, et voyons ce que cela donne :

1. Vol entre les États-Unis et les Caraïbes.
2. Séjour prolongé au soleil pour travailler son bronzage.
3. Consommation de deux cocktails au bord de la piscine.
4. Tabagisme passif.
5. Exposition aux insecticides utilisés contre les punaises des lits.

Désolé de gâcher ces récentes vacances fictives, mais la Brigade de protection des gènes retient contre vous ces six chefs d'inculpation, en espérant que cela vous incitera à faire plus grand cas de votre génome à l'avenir.

Tous les éléments cités dans la liste abîment l'ADN. Nous serions terriblement mal en point sans notre aptitude à réparer continuellement ces dommages génétiques. Or, celle-ci est largement tributaire des gènes « réparateurs » dont on a hérité. Si vous présentez l'une des multiples mutations du gène BRCA1 qui prédisposent au cancer, vous devrez donc vous montrer particulièrement attentionné envers votre génome. Notons toutefois que ces mutations héréditaires ne sont pas toutes aussi inquiétantes les unes que les autres.

Ce qui nous ramène à Angelina Jolie. L'examen de son gène BRCA1 a fait apparaître une mutation particulièrement préoccupante[21]. Les médecins estimaient ses risques de cancer du sein à 87 %, et ceux du cancer des ovaires à 50 %.

Pendant trois mois, entre l'hiver et le printemps 2013, l'une des femmes les plus en vue au monde a donc dû rejouer certaines héroïnes de ses films pour réussir à échapper aux paparazzis qui cernaient le Pink Lotus Breast Center de Beverly Hills, en Californie, où elle devait notamment subir une double mastectomie[22].

« Vous vous réveillez avec des tubes de drain et des expanseurs tissulaires dans les seins, confiait-elle dans le *New York Times* peu après la fin des opérations. On se serait cru dans un film de science-fiction. »

Il n'y a pas si longtemps, c'était effectivement de la science-fiction.

Les médecins pratiquent la mastectomie depuis longtemps, mais l'opération était jusqu'ici destinée à enlever la tumeur, non pas à prévenir son apparition.

Tout a changé depuis que nous comprenons mieux les mécanismes moléculaires responsables du cancer et que les dépistages génétiques sont devenus abordables. De plus en plus de femmes (et même quelques hommes) reçoivent des résultats aussi terrifiants que ceux d'Angelina Jolie. Plutôt que de suivre un programme de dépistage intensif mais jamais totalement sûr, environ un tiers d'entre elles préfèrent se faire enlever les seins. L'ablation préventive est un choix qui peut impressionner, ceux qui le font sont des pionniers.

Ces patients avant-gardistes sont déjà des milliers – en grande majorité des femmes confrontées au même choix qu'Angelina Jolie –, et il est à peu près sûr que leur nombre augmentera encore quand nous percerons les mystères génétiques d'autres maladies – les cancers du côlon, de la thyroïde, de l'estomac et du pancréas étant les premiers sur la liste.

« Le cancer est encore une maladie qui fait peur, qui suscite un profond sentiment d'impuissance, écrit Jolie. Mais de nos jours, ajoute-t-elle, un simple test permet de savoir si nos risques sont élevés et si des mesures préventives s'imposent. »

Tout cela soulève des questions éthiques entièrement nouvelles pour les médecins, qui suivent depuis toujours le précepte *primum non nocere**.

Quand on parle de mesures préventives, il ne s'agit pas seulement d'interventions radicales comme la mastectomie, la colectomie ou la gastrectomie, car certains organes ne peuvent bien sûr pas être enlevés. Il peut donc aussi s'agir d'une surveillance accrue, de traitements préventifs et, autant que possible, de la suppression des facteurs aggravant les risques.

C'est précisément l'objet de la liste précédente : elle rappelle tout ce qu'il vaudrait mieux éviter si l'on voulait prendre soin de son patrimoine génétique et ne pas le modifier involontairement.

Radiations des voyages en avion, ultraviolets du soleil, éthanol des cocktails, résidus chimiques de la fumée de cigarette, insecticides, substances chimiques des produits cosmétiques, voilà quelques exemples de facteurs susceptibles d'endommager l'ADN.

Nos choix de vie influent donc sur l'état de notre génome. Cela signifie que chacun doit s'informer, non seulement en se plongeant dans l'histoire médicale de sa famille et en décodant son propre génome, mais aussi en cherchant quels changements introduire dans sa vie en fonction des

* Locution latine qui signifie « d'abord, ne pas nuire ».

informations obtenues. Ces mesures préventives seront différentes pour chacun : certains se contenteront d'éviter les fruits quand d'autres devront subir une ablation des seins.

Cependant, il faudra prendre garde à l'usage que d'autres pourront faire de ces informations. Les « autres », comme nous l'avons vu, ce sont les médecins, les compagnies d'assurances, les organismes publics, et sans doute également vos proches. Malgré nos attentes en matière de confidentialité, il faut donc garder à l'esprit le fait que ces tests entraînent un risque de discrimination, notamment pour ce qui concerne les assurances vie et l'invalidité*.

Nous sommes sur le point de changer totalement de paradigme. Certains ont déjà sauté le pas et beaucoup d'autres devraient suivre, que cela nous plaise ou non.

* La législation française protège contre ce genre de dérive (NdT).

CHAPITRE 10

L'ENFANT SUR CATALOGUE

Conséquences imprévues des sous-marins, des sonars et des gènes dupliqués

Tout a commencé par une belle matinée dans les Caraïbes. Le 13 mai 1943, un navire marchand américain spécialement conçu pour le transport d'ammoniac, le *Nickeliner*, acheminait vers l'Angleterre 3 400 tonnes de cette substance volatile essentielle à la fabrication des armes dont les Alliés avaient tant besoin. Mais la bataille de l'Atlantique battait son plein[1], et la traversée de l'océan s'annonçait périlleuse.

Pour l'équipage du *Nickeliner*, la journée serait tout sauf ordinaire. Un sous-marin allemand commandé par un officier naval de 35 ans, Reiner Dierksen, suivait en effet le navire depuis son départ du port.

Six miles au nord de la ville cubaine de Manati, le périscope du sous-marin a tranquillement émergé de l'eau. Lentement, posément, les hommes de Dierksen ont visé leur cible. Une fois celle-ci dans leur point de mire, le capitaine chevronné – qui avait déjà coulé dix navires alliés – a donné l'ordre de tirer. Deux torpilles allemandes ont fendu l'eau, puis il y a eu l'explosion, terrible, qui a fait jaillir haut dans le ciel l'eau et le feu. Le *Nickeliner* a bientôt coulé au fond de la mer, et les membres de son équipage ont été abandonnés à leur sort sur des canots de sauvetage.

Pour les Alliés, le problème était à la fois simple et affreusement complexe : il fallait réussir à localiser les sous-marins immergés.

La solution, ils l'ont trouvée dans le sonar. À l'époque, cela s'écrivait en capitale, « SONAR » étant l'acronyme de *SOund NAvigation and Ranging*. Il s'agit d'un appareil qui émet une impulsion sonore puis « écoute » son écho sur les obstacles qu'elle rencontre afin d'évaluer la distance de la cible.

Soixante-dix ans plus tard, toutes les flottes du monde l'utilisent encore pour repérer les sous-marins et les mines. Mais au fil du temps, on a découvert que le sonar pouvait servir à autre chose, et cette technologie initialement conçue pour ôter la vie est ainsi devenue l'outil de base de ceux qui aident à la donner.

Une fois la guerre terminée, des milliers de spécialistes sont rentrés chez eux et se sont mis à tester d'autres applications possibles. Parmi les premiers utilisateurs figuraient les gynécologues, qui y ont vite vu un moyen de détecter les tumeurs sans exploration chirurgicale invasive[2].

Son usage s'est toutefois répandu un peu plus tard, quand les obstétriciens ont découvert que cela permettait d'observer l'embryon et son placenta, puis toutes les étapes de croissance du fœtus. L'innovation semblait alors tenir de la magie. Aujourd'hui encore, bon nombre de personnes n'ont pas conscience que ces images révèlent le jeu délicat et crucial de l'expression et de la répression des gènes pendant le développement intra-utérin.

Grâce à l'échographie – comme on l'appelle aujourd'hui –, les médecins détectaient pour la première fois des dérèglements ou des anomalies génétiques qui restaient auparavant cachés jusqu'à la naissance.

Mais avant de poursuivre notre exploration du rôle de la génétique dans notre développement, revenons un instant à la Seconde Guerre mondiale pour voir comment a fini le sous-marin qui avait coulé le *Nickeliner*.

Deux jours après le naufrage, un avion de patrouille américain a localisé ce qui ressemblait à un sous-marin faisant surface et a largué dans l'eau une balise indiquant sa position. Alors que l'équipage allemand s'efforçait de replonger vers la relative sécurité des fonds marins, un navire allié a été dépêché à l'endroit de la balise et a pu repérer le sous-marin à l'aide de son sonar nouvellement installé.

Grâce aux données ainsi obtenues, l'avion de patrouille a largué trois grenades sous-marines dans l'eau, et le sous-marin allemand a vite rejoint le *Nickeliner* au fond de l'océan comme une vulgaire canette d'aluminium déchiquetée[3].

Ce qui était initialement destiné à repérer les sous-marins immergés est aujourd'hui devenu un outil de premier choix pour aider à mettre les bébés au monde. Mais personne n'aurait pu imaginer que, si vite après avoir inversé la donne, cette technologie allait de nouveau servir à ôter la vie.

Les technologies conçues dans un but précis sont souvent réutilisées de façon imprévue. Puisqu'elle permet de connaître le sexe du fœtus, l'échographie soulève ainsi de graves problèmes dans les pays où les gens considèrent qu'il est préférable d'avoir un garçon plutôt qu'une fille. Elle offre alors l'occasion d'éliminer les fœtus de sexe féminin.

C'est précisément ce qui s'est passé en Chine, où l'État avait instauré un système de contrôle des naissances très strict qui encourageait, et contraignait même certains couples, à n'avoir qu'un enfant. Cette politique de l'enfant unique, combinée au fait qu'il est culturellement important d'avoir un fils en Chine, faisait peser une forte pression sur les futurs parents. Les statistiques parlent d'elles-mêmes : il y a 30 millions de Chinois en trop par rapport aux Chinoises[4].

Des études ont par ailleurs montré que le déséquilibre entre garçons et filles augmentait à partir du moment où l'échographie arrivait dans des régions reculées de Chine où elle n'existait pas auparavant[5].

L'échographie a également contribué à l'apparition d'une autre tendance, plutôt bénigne en comparaison, mais plus vigoureuse que jamais. Et celle-ci, il y a fort à parier que vous êtes responsable de son maintien.

La distinction entre filles et garçons dans les vêtements pour bébé a fait son apparition durant l'après-guerre. Elle s'est ensuite solidement ancrée dans les mœurs au fur et à mesure que l'échographie prénatale se banalisait. Les amis, la famille et les collègues avaient tout simplement plus de temps pour faire les magasins en sachant à l'avance si ce serait une fille ou un garçon, et c'est ainsi qu'a pu se développer la layette différenciée selon le sexe[6].

Mais là où certains voient du rose et du bleu, des camions et des chatons, du kaki et de la dentelle, je ne vois que les effets culturels de ce qui fut en réalité le premier test génétique prénatal largement accessible. Pendant la plus grande partie du siècle passé, il était en effet généralement admis que la principale différence entre les sexes était la présence chez les garçons d'un chromosome Y absent chez les filles. Ce qu'offrait donc l'échographie, plus qu'un portrait flou de l'enfant à naître, c'était bien un instantané de son ADN.

L'échographie fournit donc des informations anatomiques assez précises, et notamment le sexe vers le quatrième mois de grossesse. Mais avec l'avènement de la fertilisation *in vitro* et la possibilité de sélectionner le sexe avant d'implanter l'embryon, ce délai d'attente n'est même plus une obligation. Or, ces nouvelles techniques médicales sont de plus en plus accessibles, et pourraient donc devenir problématiques si elles ne sont pas assorties de campagnes socio-éducatives visant à rendre les filles aussi désirables que les garçons.

Évidemment, les tests génétiques réalisés avant la grossesse ou au tout début de la gestation n'indiquent pas simplement le sexe du futur enfant. Cela pourrait suggérer que le sexe est quelque chose de simple, mais nous allons voir que ce n'est pas toujours le cas.

Une fille ou un garçon ? C'est généralement la première question que l'on pose en apprenant la naissance d'un bébé. Elle appelle la plupart du temps une réponse simple, binaire.

L'identité sexuelle dépend d'un large éventail de facteurs. Cependant, quand l'enfant pointe le bout de son nez, tout ce que l'on peut voir est l'appareil génital extérieur. Comme l'expliquait un enfant de 5 ans plutôt précoce au personnage d'Arnold Schwartzenegger dans *Un flic à la maternelle* : « Les garçons, ils ont un pénis, les filles, elles ont un vagin. »

Seulement, ce n'est pas toujours aussi simple. On appelle « troubles du développement sexuel » les cas où les organes reproducteurs suivent un schéma de développement qui s'écarte de la norme.

Cela peut entraîner une ambiguïté des organes génitaux externes – par exemple, un clitoris inhabituellement grand qui ressemble à un pénis, assorti de grandes lèvres fusionnées rappelant le scrotum. Pour les médecins, il est parfois difficile de suivre le spectre toujours changeant des interprétations psychosociales de la sexualité. Nous découvrons aujourd'hui que la réalité physiologique reflète justement ce large spectre. Le modèle classique et étriqué selon lequel XY donne un garçon et XX, une fille est donc bel et bien dépassé.

Dans un monde où la distinction des genres est omniprésente – des prénoms aux pronoms, en passant par les styles vestimentaires et la ségrégation dans les toilettes publiques –, l'ambiguïté peut être source de gêne et de consternation, en particulier quand l'incertitude entoure le sexe d'un nouveau-né.

Voilà pourquoi l'ambiguïté sexuelle est traitée non pas comme un petit souci parental mais comme une véritable urgence médicale pour laquelle on peut nous appeler à toute heure du jour et de la nuit.

Laissez-moi vous expliquer ce qui se passe quand un enfant présente un trouble du développement sexuel. Étant donné la gravité des enjeux psychosociaux, nous laissons généralement de côté nos travaux routiniers pour rencontrer la famille et l'équipe médicale chargée du jeune patient.

Nous essayons d'abord d'obtenir le plus d'informations possible sur sa famille – parents, frères et sœurs, neveux, nièces, oncles, tantes, grands-parents, et autant de personnes que possible en remontant l'arbre généalogique. Nous posons beaucoup de questions. Les membres de la famille sont-ils en bonne santé ? Y a-t-il eu des histoires de fausses couches à répétition ou des cas de handicap mental ? Y a-t-il des liens consanguins entre les parents, les grands-parents ou les arrière-grands-parents ?

Ces questions ne nous apportent pas simplement des informations génétiques précieuses, elles rappellent aussi à tout le monde que le nouveau-né s'inscrit dans une vaste histoire familiale et, surtout, qu'il n'est pas seulement un « cas » médical à traiter.

Nous passons ensuite à l'examen proprement dit, qui commence par une évaluation dysmorphologique semblable à celle du chapitre 1 mais nettement plus fouillée. À l'aide d'un mètre ruban passé autour du cou et tendu entre nos doigts, nous mesurons la circonférence du crâne de l'enfant, la distance entre ses pupilles, la longueur du philtrum, des bras, des jambes, des mains, des pieds, etc. Nous mesurons aussi la longueur du clitoris ou du pénis, et vérifions que l'anus est correctement placé. Même la distance entre les tétons peut parfois fournir un indice précieux sur le génome du bébé. Le plus important, en cas de trouble du développement sexuel, c'est d'essayer de déterminer si le nouveau-né est globalement dysmorphique.

Les gens qui assistent à l'examen plaisantent parfois en disant qu'on ressemble plus à des tailleurs préparant de la layette sur-mesure qu'à des médecins en quête d'une petite irrégularité.

Chaque être humain est irrégulier d'une façon ou d'une autre. D'un point de vue clinique, ce qui nous intéresse n'est pas tant l'ampleur de ces irrégularités que les liens existant entre elles.

C'est parfois un trait à peine perceptible qui nous aide à poser le diagnostic. Or, comme nous le verrons, le plus petit détail finit parfois par changer radicalement notre vision des choses.

Nul doute qu'il était beau. Paisiblement endormi dans son couffin, Ethan aurait pu ressembler à n'importe quel adorable bébé[7].

Chaque être humain se développe de façon unique, selon son environnement et son génome, mais tout le monde ou presque suit une trajectoire commune qui commence par la beauté sidérante du bébé – petit, vulnérable, et pourtant riche de tous les possibles.

Tout cela, l'enfant qui dormait devant moi l'avait. Mais, bien que je ne le sache pas encore, il était différent de tous les autres bébés.

Il est important de noter que les échographies n'avaient rien révélé d'anormal. Plusieurs mois auparavant, quand la mère d'Ethan avait demandé si elle aurait une fille ou un garçon, l'obstétricienne avait glissé sa baguette magique sur le ventre rond et jeté un œil entre les jambes du fœtus avant de répondre :

— C'est un garçon !

Et selon toute apparence, elle ne s'était pas trompée.

À la naissance, on a simplement remarqué une anomalie potentiellement inquiétante mais relativement commune : Ethan présentait un hypospadias, c'est-à-dire que l'orifice de l'urètre n'était pas placé sur le gland.

Environ 1 garçon sur 135 naît avec une forme d'hypospadias. L'orifice se trouve alors sur la face inférieure du pénis, quelque part entre l'endroit habituel et le scrotum. En général, on peut facilement le remettre en place[8]. Bien que le chirurgien soit parfois contraint de sacrifier le prépuce, il s'agit la plupart du temps d'une simple correction esthétique. Certains parents estiment d'ailleurs qu'un hypospadias léger ne justifie pas une opération. Dans les cas plus sévères, en revanche, qui obligeraient le petit garçon à faire pipi assis et non pas debout, l'intervention est jugée nécessaire pour des raisons psychosociales évidentes.

Mais tant que l'urine n'est pas bloquée, l'opération ne relève pas de l'urgence. Dans les minutes qui ont suivi la naissance, l'équipe médicale a donc informé les parents d'Ethan des options qui s'offraient à eux. Après l'examen habituel réservé à tous les nouveau-nés au premier jour de leur vie, on les a renvoyés chez eux en leur disant qu'ils n'avaient aucun souci à se faire et qu'ils pouvaient attendre quelques mois avant de s'occuper de l'hypospadias.

Pourtant, du souci, les parents d'Ethan s'en sont fait, surtout lorsqu'ils ont constaté au fil des mois que leur fils restait en dessous de la courbe de corpulence normale. Ils voulaient comprendre comment l'aider à grandir. Et ce qui a commencé comme un rendez-vous routinier pour vérifier sa croissance a vite pris une autre tournure.

Étant donné la taille d'Ethan et ses traits physiques apparemment normaux, on a prescrit un test génétique courant appelé « caryotype ». Quelques-unes de ses cellules ont été prélevées, placées dans une boîte de Petri, mises en culture, puis traitées avec un révélateur pour que les chromosomes apparaissent clairement.

On a alors remarqué qu'Ethan était un peu différent des autres garçons, qui ont normalement un chromosome Y hérité de leur père. Bien que ce soit rare, il arrive qu'un enfant génétiquement féminin développe des attributs masculins. C'est ce qui se passe quand il possède un tout petit morceau du chromosome Y contenant le gène SRY (*Sex-determining Region Y*).

Pour rechercher ce minuscule élément, nous avons employé une technique appelée « hybridation fluorescente *in situ* » (FISH, *Fluorescence In Situ Hybridization*), où une sonde fluorescente constituée d'une séquence de lettres déterminée va s'hybrider spécifiquement avec une séquence complémentaire du chromosome.

Nous nous attendions à ce que la FISH soit positive pour la région SRY, comme dans les cas similaires au sien, mais il s'est avéré qu'Ethan ne présentait pas la moindre trace de chromosome Y, ce qui nous laissait bien peu de pistes pour expliquer comment Ethan avait pu devenir un garçon.

Selon le manuel de génétique posé sur mon bureau, il aurait forcément dû naître fille.

« C'est un garçon ! » Voilà la phrase que John et Melissa, les parents d'Ethan, attendaient avec impatience. Ils avaient donc été ravis d'apprendre la bonne nouvelle de la bouche de l'obstétricienne.

Le reste de la famille partageait leur joie, et en particulier les parents de John. Ils étaient des immigrés chinois de la première génération et, dans leur pays d'origine, avant même que la politique de l'enfant unique ne prenne effet, la naissance d'un garçon était vue comme une chance.

Ils étaient donc aux anges… et peut-être aussi un peu trop protecteurs. Au moins une fois par jour, la mère de John appelait Melissa au travail pour s'assurer qu'elle allait bien et lui répéter, comme le voulait la tradition familiale, ce qu'elle devait et ne devait pas faire, penser et manger. Dans la longue liste des interdits alimentaires figuraient deux fruits que Melissa aimait beaucoup, les pastèques et les mangues.

La future maman n'avait pas non plus le droit de laisser sur le lit un objet contondant comme un couteau ou des ciseaux – non seulement pour éviter qu'elle ne se blesse, mais aussi parce que la mère de John croyait que cela portait malchance, et que le bébé risquait alors de naître avec un bec-de-lièvre.

Melissa n'était pas particulièrement superstitieuse mais, pour s'épargner un conflit familial superflu, elle a joué le jeu du mieux qu'elle le pouvait. Il y avait cependant une règle qu'elle se sentait incapable de ne pas enfreindre, au moins secrètement, son envie de pastèque se faisant de plus en plus insatiable au fil de la grossesse. Elle se disait que tout irait bien tant que sa belle-mère ne voyait pas les quartiers de peau verte et les petites graines noires. Un jour, cependant, cette dernière s'est « gentiment » proposé de descendre la poubelle et a trouvé les restes du festin au fond du sac. Une violente dispute s'en est suivie, et, comme rien ne semblait pouvoir apaiser la colère de la future grand-mère, Melissa s'est finalement excusée en jurant de ne plus toucher au fruit défendu jusqu'à ce que le bébé soit suffisamment grand (tout en se promettant intérieurement de mieux dissimuler les preuves de ses méfaits à l'avenir).

Melissa savait bien que les peurs de sa belle-mère étaient infondées, mais quand je lui ai annoncé que son bébé était une exception génétique, elle s'est quand même demandé tout haut s'il n'y avait pas finalement une pointe de vérité dans ces superstitions familiales. Si je n'avais jamais entendu parler d'une croyance relative à la pastèque, les questionnements de cette mère n'avaient quant à eux rien d'inhabituel.

C'est d'ailleurs l'une des premières questions que me posent les parents d'enfants nés avec des pathologies génétiques : « Docteur, est-ce que c'est à cause de nous, est-ce qu'on a fait quelque chose qui aurait pu détraquer la machine ? »

Dans des situations comme celles-là, je me sens obligé de soulager leur culpabilité mal placée. Alors, au lieu de parler de toutes les causes possibles du « problème », je fais de mon mieux pour recadrer la conversation vers ce qui est connu et scientifiquement prouvé.

Bien sûr, cela implique d'avoir déjà quelques idées sur le sujet. Or, dans le cas d'Ethan, je n'avais pas le moindre indice.

L'une des premières pistes a été l'hyperplasie congénitale des surrénales (HCS), un ensemble d'affections génétiques qui peut donner aux filles une apparence virile. Chez celles qui en souffrent, l'hormone appelée cortisol n'est pas synthétisée en quantité suffisante. Face à ce déficit, l'organisme stimule les glandes surrénales pour qu'elles augmentent la production. Le problème, c'est qu'elles produisent en même temps davantage d'hormones sexuelles.

Dans certains cas de HCS, une version du gène CYP21A provoque chez les filles et les jeunes femmes des formes d'acné sévère, une pilosité excessive et un grand clitoris qu'on confond parfois avec un pénis à la naissance. L'HCS est l'une des causes les plus courantes d'ambiguïté sexuelle.

L'excès d'androgènes causé par ce gène entrave aussi le cycle ovarien, empêchant certaines femmes de tomber enceinte. Les proportions d'HCS sont particulièrement importantes chez les femmes d'origine ashkénaze et hispanique (respectivement de 1 pour 30 et 1 pour 50), mais bon nombre d'entre elles ne le savent même pas[9].

Pour en avoir le cœur net, inutile de passer un test génétique : une analyse sanguine relativement simple suffit à déceler d'éventuelles anomalies. Elle n'est cependant pas toujours prescrite, et beaucoup de femmes subissent donc en vain des traitements contre l'infertilité (et jettent par la même occasion beaucoup d'argent par les fenêtres) avant d'apprendre au bout de plusieurs années que ce qui empêche la grossesse n'est pas un problème de fertilité, mais une affection génétique à laquelle le dexaméthasone remédie très bien.

Mais alors, qu'en était-il d'Ethan ? S'agissait-il d'un cas d'HCS particulièrement prononcé ? Après un rapide entretien, nous avons dû faire une croix sur cette hypothèse. Les mutations génétiques responsables de l'HCS peuvent certes viriliser les filles, parfois au point de leur donner l'apparence d'un garçon à la naissance, mais s'il y a bien une chose qu'elles n'ont jamais, ce sont des testicules. Or l'inspection visuelle et l'échographie l'ont confirmé : Ethan possédait deux testicules normalement formés.

Il existe une poignée d'anomalies encore plus rares pouvant causer l'inversion du sexe chez un individu XX, mais aucune ne correspondait au cas d'Ethan. Lentement mais sûrement, nous sommes passés des causes les plus probables aux plus improbables, les rayant une à une de la liste.

Finalement, notre groupe a dû se ranger derrière l'idée popularisée par Sir Arthur Conan Doyle et son Sherlock Holmes : « Lorsque vous avez éliminé l'impossible, ce qui reste, aussi improbable soit-il, est la vérité. » Mais une fois l'impossible écarté, ce qui restait nous semblait si peu probable que nous avons mis un certain temps avant d'accepter l'idée que ce pût être vrai.

Notre conception du sexe était-elle donc faussée depuis le début ?

Depuis très longtemps, on s'accorde à penser que les hommes et les femmes sont au départ identiques. Si l'on hérite d'un chromosome Y, voire seulement d'un petit bout, alors le développement du fœtus dévie vers la masculinité. Sans cela, tout le monde suivrait la voie génétique de la féminité.

Mais ce n'était pas le cas d'Ethan, nous l'avons vu, et l'équipe a donc commencé à mettre en doute ce vieux dogme de la génétique.

Comme les images des premiers satellites espions en orbite autour de la Terre, celles des premiers caryotypes manquaient de précision. Disons qu'elles offraient une vue d'ensemble du génome et permettaient au moins de vérifier la présence de tous les segments principaux des bras formant les chromosomes[10]. Réaliser un caryotype, c'est un peu comme entrer dans une boutique d'antiquités pour contempler une étagère où est rangée une encyclopédie. On peut assez rapidement vérifier si elle est complète en comptant le nombre de volumes, de même qu'un caryotype montrera si les quarante-six chromosomes sont présents. Mais cela ne nous dit pas si toutes les pages où s'inscrivent les gènes sont bien là, ni si elles sont intactes.

Ces dernières années, la qualité des images du génome s'est considérablement améliorée. Nous pouvons maintenant l'étudier en détail grâce à une technique appelée

« hybridation génomique comparative » où l'on extrait l'ADN d'un individu pour le mélanger à un échantillon d'ADN connu. En comparant les deux, il est possible d'identifier les petits bouts d'ADN manquants ou dupliqués. Les résultats sont donc nettement plus précis qu'avec un caryotype[11].

Cependant, si l'on veut encore plus d'informations, si l'on veut voir les lettres composant le génome – c'est-à-dire pas simplement les chromosomes, mais les séquences formées de milliards de nucléotides (adénosine, thymine, cytosine et guanine) –, alors il faudra procéder à un séquençage.

Dans le cas d'Ethan, cela nous a permis de découvrir quelque chose d'inattendu : une duplication du gène SOX3 présent sur le chromosome X. Les fœtus qui deviennent des filles possèdent deux chromosomes X, elles ont donc normalement deux gènes SOX3, mais l'un d'eux est généralement désactivé dans toutes les cellules grâce à l'action du gène XIST. Ici, la duplication offrait donc une occasion d'expression supplémentaire au gène SOX3 du chromosome X activé. Or, une duplication peut modifier la quantité de protéines produites. C'est ce qu'on a vu au chapitre 6 avec Meghan et sa copie supplémentaire du gène métabolisant la codéine, qui a finalement provoqué la mort de la petite fille par overdose d'analgésiques.

Chez Ethan non plus, la duplication n'était pas anodine. En effet, le gène SOX3 partage environ 90 % de sa séquence nucléotidique avec la région SRY – petit bout du chromosome Y qui joue un rôle capital dans la formation des attributs masculins. Les similitudes sont si frappantes qu'on soupçonne même SOX3 d'être l'ancêtre de SRY. La principale différence, c'est que SRY existe uniquement sur le chromosome Y, alors que SOX3 se trouve sur le chromosome X.

Comme aurait dit Sherlock : « La chasse était ouverte. »

Grâce à Ethan, il est maintenant clair que le gène SOX3 peut se substituer à SRY et que, dans certaines circonstances, il peut transformer une fille en garçon même en l'absence de chromosome Y.

Nous connaissons maintenant une poignée de cas analogues (mais pas identiques) à celui du petit Ethan. Pour compliquer encore un peu les choses, nous avons aussi découvert l'existence de femmes tout à fait normales possédant comme lui une duplication de SOX3 et deux chromosomes X.

Alors, pourquoi Ethan est-il différent ?

Il y a trente-cinq ans, un généticien vous aurait ri au nez si vous aviez affirmé qu'on pouvait changer de petites souris marron en grosses souris jaunes, et rendre la transformation héréditaire en leur administrant de l'acide folique capable d'activer ou de désactiver certains gènes.

Alors que nous commençons à percer les mystères de la génétique, il est impératif de garder l'esprit ouvert. Les souris agoutis de Jirtle ne sont qu'un petit exemple de l'impact que peut avoir sur le génome un facteur environnemental unique.

Nos vies sont rarement aussi simples que celles des souris de laboratoire, et ce constat devrait nous pousser à l'humilité : il existe une multitude d'interactions possibles parmi un vaste éventail de variables dont beaucoup nous échappent encore, pour des raisons tant techniques qu'intellectuelles.

Malgré la sophistication de nos outils, nous ne savons toujours pas précisément pourquoi Ethan est devenu un garçon alors que d'autres personnes au bagage génétique similaire ont suivi la trajectoire de développement des filles. Il y a néanmoins une chose que nous savons, pour l'avoir observée dans de nombreux autres cas – par exemple, celui d'Adam et Neil, jumeaux monozygotes victimes de

NF1 –, c'est qu'un rien suffit à pousser l'expression ou la répression des gènes dans un sens ou dans l'autre… et à changer pour toujours le cours de la vie.

Nous avons seulement survolé le large éventail de facteurs génétiques et épigénétiques influant sur le développement sexuel. Cependant, pour les enfants comme Ethan, leur impact se fait encore sentir de façon binaire. Fille ou garçon ? Elle ou lui ? Rose ou bleu ?

Cette vision simpliste des genres n'est pourtant pas universelle.

Ma première rencontre avec un *katoey* a eu lieu alors que je participais à un programme de prévention contre le SIDA mis en place par l'association thaïlandaise Population and Community Development Association (PDA).

Elle s'appelait Tin-Tin et travaillait tous les soirs à quelques pas du stand dont je tenais la permanence, à Patpong, quartier chaud de Bangkok mondialement connu. L'un des objectifs de la PDA était de populariser l'usage des préservatifs afin de combattre l'épidémie de VIH – ce qui, bien entendu, s'avérait particulièrement nécessaire auprès des travailleurs du sexe.

Tin-Tin n'était pas une prostituée, son rôle était d'attirer les clients dans l'un des clubs du coin qui proposait des spectacles érotiques.

Elle était plutôt grande pour une Thaïlandaise. Peut-être était-ce à cause de sa taille, en tout cas elle se démarquait dans cet endroit où les travailleuses du sexe convergeaient comme les abeilles vers la ruche.

L'activité de Patpong a commencé à la fin des années 1940, dans ce qui était alors l'un des faubourgs de la ville. Mais elle a vraiment pris son essor pendant la guerre du Vietnam, quand les GI américains en permission sont venus par centaines y dépenser leurs dollars et faire le genre de choses que les soldats font depuis la nuit des temps. Aujourd'hui, toutefois, l'endroit a pris des allures d'attrape-touriste : on se croirait dans une sorte de marché aux puces et de terrain de jeux sexuels où mardi gras semble ne jamais devoir finir.

À chaque entrée de club, on trouve des filles comme Tin-Tin. Ce sont soit des employées chargées d'attirer les hommes étrangers et les couples sexuellement aventureux, soit des « indépendantes » qui incitent ceux qui sortent à dépenser un peu plus d'argent pour un peu plus de plaisir.

Tin-Tin avait observé mon stand pendant des jours sans jamais venir y regarder de plus près. Mais une nuit, une soudaine averse l'a poussée à venir se réfugier sous une banne à côté de ma table – non sans élégance, je dois dire, pour quelqu'un qui s'aventurait sur une chaussée glissante avec des talons de dix-huit centimètres.

Elle a pris l'un des prospectus de l'association et l'a retourné avec nonchalance du côté où le texte était inscrit en thaï.

— Vous êtes marié ? m'a-t-elle demandé, dans un anglais remarquable, et d'une voix bien plus profonde qu'attendu.

L'orage a duré environ trente minutes. Nous avons parlé tout du long, et la conversation s'est révélée incroyablement instructive.

Entre autres choses, elle m'a appris qu'il y avait en Thaïlande environ deux cent mille *katoeys* – catégorie que de nombreux Thaïs, même conservateurs, reconnaissent comme le « troisième sexe ». Certains sont travestis. D'autres sont des transgenres qui attendent une opération. D'autres enfin ont achevé la transition d'homme à femme grâce aux interventions chirurgicales.

Contrairement à ce qu'on pourrait croire, ils ne se prostituent pas tous. Les individus *katoeys* travaillent dans tous les secteurs de l'économie thaïlandaise, de l'industrie textile à l'aéronautique en passant par les rings de boxe. Le plus célèbre *katoey* est sans doute le champion Parinya Charoenphol, ancien moine bouddhiste qui a fait carrière dans la boxe thaï pour financer les opérations qui devaient le transformer en femme. Elle arrivait parfois maquillée sur le ring, et donnait un baiser à son adversaire après l'avoir vaincu.

Cela ne veut pas dire que les *katoeys* ont la vie facile. Ils sont victimes d'une réelle discrimination, et il n'existe aucun dispositif permettant de changer légalement de sexe, même pour ceux qui sont génétiquement des femmes. Dans un pays où cent mille jeunes hommes sont appelés sous les drapeaux tous les ans, cela a déjà causé quelques soucis.

Ceux qui souhaitent changer de sexe rencontrent d'autres problèmes. Si le coût des interventions chirurgicales est relativement bas en Thaïlande par rapport aux prix occidentaux (ce qui explique pourquoi tant de personnes vont se faire opérer là-bas), cela représente tout de même une petite fortune pour la plupart des Thaïlandais. En désespoir de cause, de nombreux *katoeys* doivent donc se tourner vers la prostitution pour avoir une chance de réaliser leur rêve.

C'était le cas de Tin-Tin. Issue d'une famille de paysans pauvres de la ville de Khon Kaen, dans le nord-est, elle était partie gagner sa vie à Bangkok à l'âge de 14 ans. Elle avait 24 ans quand nous nous sommes rencontrés, et tentait encore d'économiser suffisamment pour une opération qui – elle en avait conscience depuis longtemps – n'aurait peut-être jamais lieu. Fidèle à sa famille, elle leur envoyait tous les mois de l'argent.

— Chez moi, on attend des fils qu'ils s'occupent de leurs parents. Je suis peut-être plus une fille qu'un fils maintenant, mais j'ai toujours l'impression d'avoir cette responsabilité, m'a-t-elle ainsi expliqué.

Pendant les semaines qui ont suivi, Tin-Tin allait encore m'apprendre beaucoup de choses. J'ai même eu droit à un cours de dysmorphologie passionnant sur les signes distinctifs des *katoeys*.

— Regarde-moi, par exemple. Déjà, il y a la taille. C'est le premier indice.

Elle avait raison. Partout dans le monde, les hommes sont génétiquement programmés pour être plus grands que les femmes.

— D'accord, mais cette fille alors ? ai-je rétorqué en montrant du doigt une femme plus petite de l'autre côté de la rue.

— *Katoey.* Regarde son cou, tu vois ce gros… comment vous dites, déjà ? a-t-elle demandé en penchant la tête en arrière, le doigt posé au milieu du cou.

— La pomme d'Adam.

— Ah oui. Eh bien, c'est l'indice numéro deux.

Encore une fois, elle avait tout bon. La pomme d'Adam, ou cartilage thyroïde dans le jargon médical, se développe pendant la puberté sous l'effet d'hormones mâles modifiant l'expression des gènes.

— Le premier indice pour moi, c'était ta voix, lui ai-je confié.

— Peut-être, mais on peut facilement tromper les gens sur ce point, a-t-elle rétorqué d'une voix plus haute de deux octaves, neutralisant le ton grave que produit normalement la pomme d'Adam.

— Bon, d'accord, mais que dis-tu de Nit ? Elle est petite, je n'ai pas remarqué de pomme d'Adam sur son cou et elle a la voix aiguë, ai-je répliqué en montrant une habituée du stand.

— *Katoey*.

— Tu es sûre ?

En bon maître plein de patience, Tin-Tin a souri d'un air entendu.

— Évidemment que je suis sûre. Regarde ses bras quand elle marche. Tu vois comme ils sont droits ? Ce n'est pas une vraie femme, elle est née garçon. Elle s'est fait opérer de partout, la veinarde, mais les coudes ne mentent jamais.

Tin-Tin parlait du valgus physiologique, l'écartement de l'avant-bras et de la main par rapport au corps quand le coude se plie, qui est effectivement un peu plus marqué chez les femmes. Vous pouvez vérifier sur vous-même en face d'un miroir, en pliant les bras comme si vous portiez un plateau.

Ne vous inquiétez pas si vous le trouvez prononcé alors que vous êtes un homme. Tin-Tin avait certes raison – plus le valgus huméral est grand, plus il y a de chances pour qu'on ait affaire à une femme – mais, comme pour beaucoup de traits anatomiques, il existe d'importantes variations.

La Thaïlande n'est pas le seul pays où prévaut une vision nuancée des genres.

Jusqu'en 2007, les relations homosexuelles étaient illégales au Népal. En 2011, toutefois, ce petit pays de 27 millions d'habitants a marqué l'histoire en réalisant le premier recensement au monde qui ne comptabilisait pas seulement les hommes et les femmes, mais aussi les individus appartenant au « troisième sexe », c'est-à-dire tous ceux qui ne se reconnaissaient pas dans l'une ou l'autre des deux premières catégories.

Dans les pays voisins de l'Inde et du Pakistan, les *hijras* – hommes qui se considèrent comme des femmes (et sont parfois castrés) – bénéficient également d'une certaine reconnaissance. Dès 2005, certaines régions indiennes ont ajouté une troisième mention pour le sexe sur les passeports, et le Pakistan a suivi l'exemple en 2009.

Dans toutes ces régions du monde, l'idée centrale est que l'identité sexuelle – ou son absence – n'est pas une affaire de choix. Cela ne change absolument rien aux préjugés que beaucoup doivent encore affronter, mais, dans ces sociétés relativement conservatrices, cela pose au moins les bases d'une reconnaissance légale et protège un tant soit peu ces personnes qui n'entrent pas dans les catégories binaires et classiques du partage des genres.

Il est important de noter qu'il ne s'agit pas d'individus ou de groupes ayant emprunté aux sociétés occidentales une vision du genre plus moderne et plus souple : les *hijras* existent depuis 4 000 ans en Inde et au Pakistan[12].

La castration n'est pas non plus un phénomène propre à l'Asie du Sud. Elle existe dans des dizaines de cultures et a même eu cours dans le monde occidental il n'y a pas si longtemps, en particulier entre les XVIe et XVIIIe siècles en Italie, où des centaines, voire des milliers de jeunes garçons ont été allégés de leurs testicules pour la cause de la musique.

Gizziello, Domenichino, Carestini… ces noms ne vous disent peut-être rien mais, au XVIIIe siècle, ces castrats – qui combinaient capacités pulmonaires masculines et registre aigu féminin – étaient les plus célèbres chanteurs d'Italie. Händel, qui avait une affinité particulière pour leurs voix, a composé plusieurs opéras spécialement pour eux, notamment le fameux *Rinaldo*.

Il ne nous reste aujourd'hui qu'une poignée d'enregistrements. Tous ont été réalisés par Thomas Edison avec la voix d'Alessandro Moreschi, premier soprano du chœur de la chapelle Sixtine pendant trente ans, jusqu'à sa retraite en 1913[13]. Le chanteur est mort en 1922 à l'âge de 63 ans – ce qui peut paraître assez jeune de nos jours, mais représentait à l'époque dix ans de plus que l'espérance de vie moyenne des Italiens.

Or, ce n'est peut-être pas un hasard. Des études sur les eunuques coréens de la dynastie Joseon ont en effet montré qu'ils vivaient plusieurs dizaines d'années de plus que les autres personnes de la cour, membres de la famille royale y compris. Les chercheurs voient là un indice suggérant que les hormones mâles comme la testostérone pourraient porter atteinte à la santé cardio-vasculaire ou affaiblir le système immunitaire en modifiant l'expression et la répression des gènes[14].

Loin de moi l'idée de conseiller une castration pour gagner quelques années de vie. Ce que je veux montrer, c'est que la biologie sexuelle n'est pas seulement une affaire de chromosomes XX ou XY, mais plutôt une combinaison unique de facteurs génétiques, temporels et environnementaux.

Sur ce point comme sur les autres, les gens qui s'écartent de la norme ont beaucoup de choses à nous apprendre. Je ne pense pas seulement aux cas extrêmement rares comme celui d'Ethan, mais aussi aux centaines de millions de personnes qui ne répondent pas – d'un point de vue génétique, biologique, sexuel ou social – à la vision rigide et traditionnelle du masculin et du féminin.

Nous découvrons aujourd'hui combien nos gènes sont sensibles. Que ce soit à travers le régime alimentaire, l'exposition au soleil ou même les brimades subies, la vie imprime sa marque sur notre bagage génétique. Et, lorsqu'il s'agit de la synchronisation de l'expression ou de la répression des gènes, une goutte d'eau suffit parfois à faire déborder le vase.

Dans le cas d'Ethan, il n'a pas fallu toute une encyclopédie, ni même un volume entier de matériel génétique, pour changer la petite fille en garçon. Il a suffi d'un petit extra d'expression génétique à un moment clé de sa formation. C'est ainsi qu'Ethan, avec son gène SOX3 en plus, a changé de façon radicale et durable notre vision du développement intra-utérin.

On dit souvent en Amérique que « ce qui est derrière ou devant soi n'est rien comparé à ce qui se trouve à l'intérieur[15]. » Si l'idée peut sembler séduisante, nous découvrons aujourd'hui que la matière microscopique à l'intérieur de nos cellules est étroitement liée, par des mécanismes jusque-là inimaginables, à ce qui est derrière nous et à ce qui nous attend.

Le milieu culturel peut également avoir un impact considérable sur le paysage sexuel. Voyez par exemple ce qui s'est passé en Chine avec l'arrivée de l'échographie : en offrant un instantané simpliste et binaire du développement fœtal, elle a permis aux parents d'éliminer les filles par millions. Ce n'était bien sûr pas le but initial de cette technologie, qui avait au contraire été conçue pour aider à donner la vie.

Le fait que certains parents chinois utilisent l'échographie pour supprimer les filles rend mal à l'aise bon nombre d'Occidentaux. N'oublions pas, cependant, que nous vivons dans un monde où le sexe n'est que l'une des nombreuses variables pouvant être sélectionnées, avant la conception ou pendant la grossesse, grâce aux tests génétiques prénataux.

Sommes-nous prêts à accepter que les gens comme Ethan, Tin-Tin, Richard, Grace et tous ceux que je vous ai présentés dans ce livre – sans compter les millions d'autres personnes qui s'écartent des normes sociales, culturelles, sexuelles, esthétiques et génétiques en vigueur – soient identifiés génétiquement et supprimés comme un vulgaire sous-marin en temps de guerre ?

En cherchant à atteindre une perfection génétique toujours plus grande, nous risquons d'éliminer bien davantage que les millions de personnes s'éloignant des normes sociétales que nous avons nous-mêmes créées. Le risque est en fait d'éradiquer les solutions aux problèmes médicaux que nous travaillons si durement à résoudre.

CHAPITRE 11

RASSEMBLER LES PIÈCES DU PUZZLE

Ce que les maladies rares nous apprennent de l'hérédité

Vous êtes maintenant un peu plus familier de tous les événements génétiques étonnants et faussement anodins qui doivent se produire au bon moment et au bon endroit pour qu'un bébé voie le jour.

Puis, pour qu'il parvienne à traverser sa première journée, sa première semaine, sa première année, et ainsi de suite jusqu'à la puberté et l'âge adulte, la conception d'un nouvel enfant, les changements du milieu de la vie et la vieillesse… Comme nous l'avons vu dans le chapitre précédent, sa machinerie génétique travaillera inlassablement à surmonter les facteurs biologiques, chimiques et radioactifs qui conspirent quotidiennement à modifier ses gènes.

Mais peut-être sommes-nous passés à côté des événements biologiques qui se produisent à chaque instant de la vie. Du battement du cœur au mouvement des poumons, la plus grande partie de notre existence biologique et de ses conséquences génétiques se déroule dans l'ombre. Il faut le plus souvent tomber dans l'extrême de l'excès physiologique pour prendre conscience que notre cœur n'a jamais cessé de battre. C'est quand il s'emballe – parce qu'on est excité, énervé ou en train de faire du sport – qu'on porte enfin l'attention vers ce qui se passe à l'intérieur du corps, mais on ne pense pas souvent à tous les mécanismes génétiques et physiologiques qui orchestrent ces changements tout en subissant leurs effets. Nous avons vu que le génome entretenait des liens étroits avec son environnement, qu'il répondait à chaque instant, par l'expression ou la répression des gènes, aux besoins immédiats qui se faisaient sentir.

Il s'agit le plus souvent d'événements aussi banals que la création d'enzymes favorisant la digestion du petit déjeuner. Mais ils sont parfois plus significatifs. C'est par exemple le cas après une opération, quand le génome doit coder pour la production de protéines, comme le collagène, qui servent de support structurel à l'organisme et lui permettent de se rétablir du traumatisme infligé par la chirurgie.

Quand tout va bien, malheureusement, on vit la plupart du temps dans l'ignorance béate de nos propres fondements génétiques, sans avoir conscience que l'organisme est en perpétuel mouvement, même quand on se repose. Trop souvent, c'est seulement quand un grave problème de santé se déclare, chez nous ou chez un proche, que l'on songe enfin à tous les événements énigmatiques et incroyablement complexes qui ont dû se produire et doivent se produire tous les jours pour assurer notre survie.

Pareils à des ombres derrière un écran de papier de riz, ces mécanismes internes nous apparaissent parfois de façon fugitive. Nous sentons notre pouls sous l'effet de l'excitation. Nous voyons une croûte se former sur nos plaies puis lentement disparaître. Mais nous n'avons jamais conscience des centaines, voire des milliers de gènes qui sont continuellement exprimés ou réprimés pour que tout cela se déroule sans heurt – du moins pas avant que l'inévitable ne se produise.

C'est un peu comme les fuites : tant que les canalisations sont en bon état, on ne pense pas trop à ce qui se cache derrière les murs et sous le plancher de la maison. Quand elles se mettent à fuir, en revanche, on est incapable de penser à autre chose.

Ainsi va la vie. En général, l'organisme ne demande pas grand-chose en échange de notre survie. Quelques milliers de calories par jour, un peu d'eau et un peu d'exercice, c'est à peu près tout : il n'en faut pas davantage pour assurer le maintien de notre précieuse existence.

Et, en plus, notre corps nous aide. Comme un nutritionniste ou un conseiller personnel, il envoie des signaux moléculaires pour nous rappeler avec plus ou moins de ménagements qu'il faut manger, boire ou dormir. Ses petits messagers nous ordonnent ainsi de bien nous tenir.

Cependant, l'équilibre est toujours précaire. Si l'on ignore ses demandes, ou si l'on n'a pas les moyens d'y répondre, le corps s'agite jusqu'à obtenir satisfaction (pensez à votre dernière envie pressante d'uriner alors qu'il n'y avait pas de toilettes disponibles). Tout cela est si naturel que la plupart des gens passent la majeure partie de leur vie dans l'ignorance quasi absolue des mécanismes physiologiques et génétiques qui la sous-tendent.

Difficile de voir ce qui va bien tant que tout se passe normalement. Mais au premier souci, c'est un peu comme si on nous ôtait des yeux un bandeau qu'on n'avait jamais eu conscience de porter. Tout devient soudain parfaitement clair.

Personne, sur cette planète, n'est exactement comme vous.

Mais soyons clairs : bien que vous soyez génétiquement unique (même les jumeaux monozygotes semblent avoir des épigénomes différents), il existe sans doute énormément de gens qui vous ressemblent beaucoup.

Il y a cependant quelques cas, comme celui d'Ethan dans le chapitre précédent, où ce qui rend différent est un changement génétique infime qui altère profondément l'existence. Certaines de ces variations sont si rares qu'il est presque impossible de trouver d'autres cas avérés dans le monde. Or, pour les généticiens, trouver et étudier ce qui rend ces gens uniques offre parfois un nouveau regard sur le reste de l'humanité. S'ils ont de la chance, cela peut même ouvrir sur de nouveaux traitements destinés à des millions de personnes.

C'est ce qui donne tout son prix à la rareté. Comprendre ce qui fait l'unicité des gens hors norme donne accès à une vision unique de la génétique humaine. Ce regard neuf, rendu possible par les anomalies génétiques rares, prépare le terrain pour de nouvelles découvertes médicales et de nouveaux traitements dont tous les autres pourront bénéficier.

Voilà pourquoi je tiens à vous présenter Nicholas.

À bien des égards, Nicholas aura été un formidable professeur. Nous savions qu'il avait beaucoup à nous apprendre de par son existence même : sa maladie, appelée « syndrome hypotrichose-lymphœdème-télangiectasie » (syndrome HLT), est en effet extrêmement rare.

Inutile d'être féru de dysmorphologie pour voir au premier coup d'œil qu'il est différent. Un spécialiste pourrait toutefois ajouter que ses traits spécifiques reposent sur une base génétique connue.

Il avait les yeux bleus et brillants, un visage qui semblait fixé dans un état de perpétuelle contemplation, et un large sourire auquel personne ne pouvait résister. C'était encore un jeune adolescent, mais quelque chose en lui dégageait une impression de sagesse peu commune pour son âge.

Ces particularités étonnantes auraient presque pu faire oublier les autres traits qui ont donné son nom au syndrome, à savoir l'hypotrichose (une chevelure peu fournie), le lymphœdème (un cycle continu de gonflements) et la télangiectasie (des réseaux de vaisseaux dilatés visibles à la surface de la peau).

Le manque de cheveux (Nicholas n'avait qu'une poignée de mèches rousses sur le haut du crâne) et les réseaux veineux en forme d'étoile relevaient principalement de questions esthétiques. Cela ne veut pas dire que c'était sans importance, mais aucun de ces deux symptômes ne mettait sa vie en danger.

Les gonflements semblaient en revanche plus préoccupants. Dans des conditions normales, l'organisme accomplit un travail exemplaire en faisant circuler les divers fluides qui s'accumulent dans les tissus. Parfois, en réaction à une infection ou à une blessure, le fluide s'attarde un peu dans une partie du corps. Tout le monde, ou presque, en fait l'expérience à un moment ou à un autre de sa vie – il suffit de s'être déjà foulé la cheville ou le poignet pour savoir de quoi je parle. L'enflure légère fait partie du processus normal de guérison, elle est généralement bénéfique. Dans le syndrome HLT, par contre, le gonflement n'est pas le résultat d'une blessure, mais le symptôme permanent d'un système lymphatique en mauvais état.

Bien que le syndrome HLT soit extrêmement rare – les cas avérés se comptent sur les doigts des mains –, on sait que la combinaison de tous ces symptômes est assez courante chez les gens atteints. Cependant, Nicholas souffrait aussi d'une insuffisance rénale nécessitant une greffe et, pour autant que nous le sachions, ce n'était pas « normal » dans un cas comme le sien. Le mystère qui entourait sa maladie allait finalement nous pousser à faire le tour du monde en quête d'une explication.

Comme tous les voyages, le nôtre a commencé par la consultation d'une carte. Mais en lieu et place des routes ou des noms de rue, celle-ci indiquait une adresse génétique que nous n'avions alors jamais vue autre part que dans le génome de Nicholas. En comparant toutes les lettres de ces séquences d'ADN avec les génomes de personnes saines, on a observé que le syndrome semblait provenir de mutations ou de changements sur le gène SOX18.

J'aime bien me permettre certaines familiarités avec les gènes que j'étudie, et leur donne donc parfois des surnoms. Celui-là, je l'ai baptisé « Johnny Damon » en référence au joueur de baseball qui a porté le numéro 18 chez les Red Sox de Boston, puis chez les Yankees de New York lorsqu'il est passé dans le camp adverse.

Quand les Yankees ont recruté Damon, ils attendaient de lui qu'il apporte certains atouts à l'équipe. À ce point de sa carrière, après onze saisons dans la Ligue, sa moyenne à la batte approchait les 0,290. Il était par ailleurs considéré comme un voleur de buts fiable et une force inébranlable dans le champ extérieur.

De même que pour les gènes, il est nettement plus facile de deviner les futures performances d'un joueur quand on sait ce qu'il a déjà accompli. Damon a conservé sa moyenne de 0,290 durant ses quatre saisons chez les Yankees. Mais, pendant la dernière, il a été éliminé cent fois par *strike-out* (triste record personnel), il a volé moins de buts que jamais auparavant dans sa carrière, et s'est placé en tête de la Ligue américaine pour les erreurs de jeu dans le champ gauche. Quand il est redevenu agent libre, à la fin de la saison 2009, les Yankees n'ont pas souhaité renouveler son contrat.

Or, il se passe à peu près la même chose en génétique : savoir ce que peut faire un gène dans des conditions normales donne un point de repère qui permet de voir facilement s'il ne remplit pas son cahier des charges, et inversement. Dans le cas du gène SOX18, en l'occurrence, le syndrome HLT a révélé le rôle clé qu'il joue en temps normal dans la formation d'un système lymphatique performant, c'est-à-dire capable de drainer l'excès de fluides qui s'écoule à l'intérieur des tissus et dans les interstices.

Nous avions là une information précieuse, mais cela ne nous aidait guère à comprendre pourquoi Nicholas souffrait d'une insuffisance rénale.

Pouvait-il s'agir d'une simple coïncidence ? Certainement. Il arrive que plusieurs problèmes médicaux ne soient absolument pas reliés génétiquement, et Nicholas aurait très bien pu être victime d'une double malchance de ce genre. Mais l'hypothèse ne me satisfaisait pas. J'avais besoin d'explications, quelque chose me poussait à poursuivre mes recherches, à explorer plus avant d'éventuels liens entre son insuffisance rénale et sa mutation particulière sur le gène SOX18. C'est ainsi que nous nous sommes embarqués, en prenant Nicholas pour guide, dans une nouvelle aventure génétique.

Quand on réussit à identifier une mutation particulière chez un patient, il est utile – voire nécessaire – de savoir si celle-ci est originale ou héréditaire. L'une des premières choses à faire est donc de voir si elle est présente dans l'ADN des parents. Si aucun des deux ne possède la même mutation, il peut s'agir d'une modification génétique nouvelle, appelée « mutation *de novo* ». Il est toutefois impossible d'entériner immédiatement l'hypothèse, car il faut aussi tenir compte d'une faiblesse humaine courante, à savoir l'infidélité.

Vous imaginez bien que cela peut donner lieu à de redoutables disputes et faire naître des problèmes épineux, en particulier quand il y va de la vie et de la mort, et que l'affection génétique en question nécessite de mettre au courant les personnes concernées.

Dans le cas de Nicholas, nous n'avions pas retrouvé la mutation dans l'ADN des parents, et le test de paternité était positif. Si l'on en croit ce que je viens de vous expliquer, il devait donc s'agir d'une mutation *de novo.*

C'était sans compter un événement tragique survenu un an après la naissance de Nicholas. Sa mère, Jen, enceinte d'un autre garçon, était tombée gravement malade au septième mois de grossesse, mettant la vie du fœtus en danger. L'opération *in utero* effectuée en urgence n'avait malheureusement pas suffi à le sauver, mais l'examen de son ADN avait révélé la même mutation du gène SOX18 que celle de son grand frère : Nicholas n'était donc pas tout seul.

Les deux garçons avaient-ils développé exactement la même mutation ? C'était extrêmement peu probable. Je soupçonnais plutôt la présence d'une mutation dans les cellules des organes reproductifs de l'un des parents. Un tel mode de transmission – avec des parents sans mutation qui ont plus d'un enfant présentant la même mutation – est appelé « mosaïcisme germinal ».

Une fois établie l'origine probable de la mutation, les vraies recherches ont pu commencer, et un détail m'a vite sauté aux yeux : si les quelques autres cas connus présentaient tous une mutation homozygote du gène SOX18 (soit deux exemplaires du gène muté), Nicholas n'avait pour sa part qu'une seule copie du gène déficient, c'est-à-dire qu'il était hétérozygote pour cette mutation. Or, aucune des autres personnes dans son cas (hétérozygotes, avec une seule mutation du gène SOX18) n'avait développé le syndrome. Si nous avions bien compris les lois de la génétique, il n'aurait donc pas dû se manifester chez Nicholas.

Dans le domaine de la génétique, tenter de répondre à une question en fait souvent naître d'autres. Ce que nous espérions pour Nicholas, c'était que ces interrogations nous donnent des pistes quant aux raisons de son insuffisance rénale. En prenant un peu de recul pour réévaluer son cas, j'ai commencé à me demander si cela ne pouvait pas être dû à une autre maladie, génétiquement similaire mais distincte du syndrome HLT.

Les théories sont une chose, parvenir à les prouver ou à les infirmer en est une autre. Il fallait trouver une autre épingle génétique dans la botte de foin des 7 milliards d'êtres humains. Concrètement, mes chances de rencontrer quelqu'un présentant exactement la même mutation et les mêmes symptômes que Nicholas étaient quasiment nulles. Ce genre de probabilités me condamnait à l'échec, mais il fallait au moins que j'essaie.

J'ai donc fait ce qu'aurait fait tout bon généticien en quête de réponses : j'ai voyagé, j'ai pris la route pour présenter le cas de Nicholas dans toutes les conférences médicales possibles, gardant l'espoir de croiser un jour un professionnel ayant déjà rencontré un patient avec des symptômes similaires.

Je ne sais plus précisément quelles idées naïves je pouvais bien nourrir pour continuer d'y croire alors que les chances jouaient si peu en ma faveur. Si j'ai persévéré, c'est sans doute parce que je savais que cela pourrait aider Nicholas en plus d'apporter une masse d'informations médicales précieuses.

Comme nous l'avons déjà vu à maintes reprises, comprendre les cas rares permet aussi d'améliorer la vie des autres. Bien heureusement, il existe une armée de chercheurs et de médecins généticiens qui se consacrent à l'élucidation de ces mystères médicaux très complexes. Et sans que je le sache, il y avait sur un autre continent une équipe qui se posait exactement les mêmes questions que moi à propos d'un patient remarquablement semblable à Nicholas, qui présentait lui aussi un syndrome HLT.

Comme Nicholas, et contrairement à la poignée d'autres victimes du syndrome qui présentaient toutes une mutation sur les deux gènes, Thomas ne possédait qu'un seul exemplaire du SOX18 muté. Et, contre toute attente, il avait également souffert d'une insuffisance rénale ayant nécessité une greffe de rein.

Enfin et surtout, Thomas partageait non seulement les mêmes caractéristiques cliniques que Nicholas, mais aussi une mutation en tous points semblable sur le SOX18.

L'expérience a pris un tour surréaliste le soir où j'ai enfin vu Thomas en photo. J'étais seul au bureau devant mon ordinateur, et là, en face de moi, se trouvait un homme qui aurait pu être Nicholas dans vingt-cinq ans – j'aurais même juré que c'était lui.

Tous deux avaient la même tête majestueuse et presque chauve, les mêmes yeux en amande, les mêmes lèvres rouges et charnues et, surtout, le même regard empreint de douceur et de sagesse – comme s'ils avaient été taillés dans le même bloc de marbre.

Peut-être l'étaient-ils, d'une certaine façon, au vu des incroyables difficultés qu'ils avaient tous deux traversées.

Pour le moment, nous sommes incapables d'expliquer comment deux individus séparés par l'âge et quelque 6 000 kilomètres peuvent présenter des similitudes aussi frappantes en termes d'affection génétique, d'apparence physique et de parcours médical, ce dernier incluant notamment une insuffisance rénale.

Ce dernier point, ajouté à tous les autres, ne nous laissait qu'une conclusion possible : il s'agissait d'une maladie jusqu'alors totalement inconnue.

Pour la prochaine personne qui présentera un syndrome HLTR (R signifiant « rénal »), les bénéfices sont évidents. Nicholas a reçu un nouveau rein (un beau cadeau de son père, Joe), et s'est bien remis de l'opération. Il a de bons résultats scolaires – ce qui n'est pas un mince exploit pour un jeune homme qui manque si souvent l'école à cause des rendez-vous médicaux et autres séjours à l'hôpital. Enfin, chose nouvelle, sa vie sociale s'enrichit. C'est un enfant incroyable, qui bénéficie de l'amour et du soutien indéfectible de sa famille. Mais l'amélioration de sa qualité de vie est aussi le fruit de l'étroite surveillance médicale et des soins experts qu'il reçoit depuis que sa maladie a été plus clairement identifiée. Or, ce qui a marché pour Nicholas et Thomas bénéficiera au prochain sur la liste – et il saura plus vite qu'il n'est pas le seul au monde.

Bien sûr, ce dont nous parlons ici n'arrive peut-être qu'une fois sur un milliard, voire encore moins souvent. Le prochain cas n'est donc peut-être pas près d'arriver.

Vous vous demandez quel est l'intérêt pour le reste d'entre nous ? Vous allez voir qu'il est loin d'être négligeable.

On connaît aujourd'hui plus de 6 000 maladies rares. Elles touchent quelque 30 millions d'Américains[1], soit environ 1 personne sur 10 aux États-Unis, ou la population entière du Népal.

Pour vous donner une idée, imaginez un stade où tout le monde porterait un tee-shirt blanc, sauf 1 rangée sur 10 où les gens seraient en rouge. Regardez autour de vous. Que voyez-vous ? Une mer de rouge.

Maintenant, imaginez que tous ceux qui portent un tee-shirt rouge tiennent une enveloppe à la main. À l'intérieur, il y a un bout de papier sur lequel une phrase est inscrite. Puis imaginez que ces phrases, une fois réunies, nous apprennent quelque chose sur toutes les autres personnes présentes dans le stade.

Voilà comment les maladies rares font avancer la recherche en génétique. Comme nous l'avons vu, c'est grâce aux quelques personnes présentant une mutation du gène SOX18 que nous avons pu mieux comprendre la formation du système lymphatique.

Or, Nicholas et Thomas peuvent nous être utiles sur ce point, car de nombreux cancers se propagent dans le corps en détournant le système lymphatique. Comprendre en quoi SOX18 est impliqué dans ce processus pourra donc ouvrir la voie à de nouveaux traitements contre certains types de cancers. Par ailleurs, il est tout à fait possible que Nicholas et Thomas nous aident à mieux comprendre le rôle de SOX18 dans le bon fonctionnement des reins.

Voilà pourquoi nous sommes redevables à Nicholas et Thomas, ainsi qu'à tous les gens atteints de maladies génétiques : ils participent aux progrès de la médecine. Si l'on en croit l'histoire des découvertes médicales, il est bien plus probable que ce soient les autres, et non pas eux, qui en profitent.

L'idée est loin d'être neuve. Elle précède largement notre conception moderne de la médecine génétique. Deux ans avant la mort de Mendel, en 1882, un médecin du nom de James Paget, aujourd'hui considéré comme l'un des fondateurs de la pathologie médicale, écrit dans la revue médicale britannique *The Lancet* qu'il serait honteux de laisser de côté les gens victimes de maladies rares « avec des pensées ou des paroles vaines sur les "curiosités" ou les "probabilités infimes" ». « Il n'y en a aucune qui n'ait pas de sens, poursuit-il, aucune qui ne puisse devenir le point de départ d'une connaissance supérieure, si seulement nous parvenions à répondre à la question : pourquoi est-elle rare ? ou encore : étant donné sa rareté, pourquoi s'est-elle déclarée dans ce cas précis ? »

De quoi Paget voulait-il donc parler ? Pour mieux le comprendre, voyons un peu comment est né l'un des médicaments les plus populaires de l'histoire de la médecine. Sa genèse montre à merveille combien « le rare éclaire le commun ».

Nous avons tous besoin de graisses. Quand on ne mange pas assez, la vie peut devenir pénible aussi bien d'un point de vue gastronomique que physiologique. Les régimes très pauvres en matières grasses nuisent à l'absorption des substances liposolubles comme les vitamines A, D et E. On les suspecte même d'être liés à certains cas de dépression et de suicide[2].

Mais, comme souvent dans la vie, il est facile de tomber dans l'excès inverse. Préférer une alimentation riche en matières grasses entraîne souvent un apport exagéré en lipoprotéines de basse densité, ou cholestérol LDL, et sa présence en trop grandes quantités dans le sang entraîne des risques d'athérosclérose, pathologie dont le nom est issu du grec ancien *atherome*, « bouillie », et de *skleros*, « dur ». L'image de la « bouillie dure » décrit très bien les dépôts qui se forment sur les parois artérielles, les rendant plus étroites, moins flexibles, et réunissant ainsi les conditions idéales pour une crise cardiaque ou un AVC auquel personne ne s'attend.

Ce n'est malheureusement pas rare : les troubles cardio-vasculaires touchent 80 millions d'Américains et coûtent chaque année la vie à un demi-million de personnes aux États-Unis[3]. Ils représentent la première cause de mortalité au monde.

Mais nous ne saurions peut-être pas grand-chose de ces troubles sans l'existence d'une maladie génétique extrêmement rare appelée « hypercholestérolémie familiale » (HF).

À la fin des années 1930, un médecin norvégien du nom de Carl Müller commence à s'intéresser à cette maladie héréditaire dont le principal symptôme est un taux de cholestérol très élevé. Ce que Müller découvre alors, c'est que les sujets atteints d'HF n'accumulent pas progressivement le cholestérol LDL, mais commencent leur vie avec un taux déjà élevé.

Tout le monde a besoin de cholestérol, c'est le matériau de base pour la création de nombreuses hormones, et même de la vitamine D. Mais s'il s'accumule dans les veines, il finit toutefois par s'oxyder, et on court alors le risque de mourir des suites d'une maladie cardiaque. Cela se produit parfois très tôt chez les patients souffrant d'hypercholestérolémie familiale, qui ont du mal à évacuer le cholestérol LDL vers le foie.

En temps normal, l'organisme se sert du LDLR, un des gènes impliqués dans la maladie, pour fabriquer un récepteur grâce auquel le foie éliminera le cholestérol LDL. La mutation du gène LDLR responsable de l'HF empêche précisément ce processus. Le cholestérol reste alors dangereusement bloqué dans le système cardio-vasculaire.

Il n'est pas rare que des hommes ayant deux exemplaires du gène muté meurent durant la trentaine, voire plus tôt. Cela peut arriver même s'ils courent des marathons et mangent de la façon la plus équilibrée qui soit.

Müller n'aurait jamais imaginé qu'il était en train de poser les bases de ce qui serait l'un des plus grands succès pharmaceutiques de l'histoire.

Nous savions depuis longtemps qu'on pouvait faire baisser un taux élevé de cholestérol par un régime adapté assorti d'exercice physique. Mais comme cela ne suffisait pas dans les cas d'hypercholestérolémie familiale, ceux qui suivaient les traces de Müller ont cherché un autre moyen d'y parvenir. Leurs recherches ont finalement abouti à un médicament ciblant l'HMG-CoA-réductase, enzyme qui aide normalement l'organisme à fabriquer davantage de cholestérol pendant que nous dormons. Le but était de bloquer l'enzyme en question, en espérant que cela ferait baisser le taux de cholestérol LDL dans le sang. Peut-être avez-vous déjà entendu parler de cette classe de médicaments, peut-être même en prenez-vous tous les jours.

L'atorvastatine, commercialisée en France sous le nom de « Tahor », est l'un des médicaments les plus connus dans le groupe des statines. Prescrit à des millions de personnes dans le monde, il connaît un succès sans précédent dans l'histoire de la médecine. Mais pour les patients qui portent les mutations responsables de l'HF, et qui ont donc contribué à son invention, il s'avère malheureusement inutile. Si quelques médicaments orphelins prometteurs seront bientôt autorisés pour traiter ces patients, certains se verront toujours contraints de subir une greffe de foie.

Le Tahor a sauvé la vie à des millions de personnes en leur évitant un accident coronarien. Pourtant, leur taux élevé de cholestérol n'était pas dû aux hasards de la génétique, mais plutôt à un certain laxisme dans leur mode de vie.

Dans le domaine de la médecine, les gens qui en ont le plus besoin et qui le méritent le plus sont rarement les premiers servis. Parfois même ils n'ont droit à rien.

Mais, comme nous allons maintenant le voir, ce n'est heureusement pas toujours le cas.

Il peut se passer des dizaines d'années entre une découverte génétique et la mise au point d'un traitement innovant. C'est ce que l'on a vu plus tôt en évoquant les recherches sur la phénylcétonurie, commencées au milieu des années 1930 par les découvertes d'Asbjørn Følling pour aboutir trente ans plus tard aux tests de dépistage de Robert Guthrie.

Il arrive cependant que tout aille beaucoup plus vite, et nous constatons avec bonheur que c'est de plus en plus fréquent. Ce fut notamment le cas pour l'acidurie arginino-succinique (AAS), trouble métabolique du cycle de l'urée où l'organisme a du mal à se débarrasser de quantités pourtant normales d'ammoniac.

Cela vous dit quelque chose ? Eh oui, l'AAS ressemble beaucoup à la maladie dont souffrent Cindy et Richard, le déficit en OCT. Là encore, le corps peine à franchir la série d'étapes qui transforme normalement l'ammoniac en urée.

Souvent, les personnes atteintes d'AAS souffrent aussi de retards cognitifs. On a d'abord supposé que ces effets neurologiques étaient le résultat d'un taux d'ammoniac trop élevé, comme dans le cas de Richard, mais les médecins ont vite remarqué que les problèmes de développement mental persistaient, voire empiraient avec le temps, alors même que le taux d'ammoniac était contrôlé.

Des chercheurs du Collège de médecine de Baylor se sont récemment intéressés à un autre symptôme dont souffrent certains patients atteints d'AAS, à savoir une hausse inexpliquée de la tension artérielle. Ils savaient que l'oxyde nitrique jouait un rôle important dans le maintien d'une tension suffisamment basse. Ils savaient aussi que l'enzyme responsable de l'AAS était un élément clé de la production d'oxyde nitrique.

Délaissant certaines questions relatives à l'ammoniac, ils ont donc préféré se concentrer sur des médicaments remplissant la fonction de donneur d'oxyde nitrique. Et, quand ils les ont testés sur des patients atteints d'AAS, ils ont constaté que non seulement leur tension artérielle se normalisait, mais que leur mémoire et leur capacité à résoudre les problèmes s'amélioraient également[4].

On est encore loin du remède miracle, mais ce lien essentiel a été établi en quelques années seulement, et des médecins s'en servent déjà pour traiter certains symptômes à long terme de l'AAS. Cette découverte éclaire également nos recherches sur les effets possibles d'une baisse d'oxyde nitrique dans le corps. Celle-ci pourrait être liée à diverses affections nettement plus courantes, et en particulier à la maladie d'Alzheimer, ce qui prouve encore une fois combien le rare est utile pour mieux comprendre des maladies qui concernent à peu près tout le monde.

L'aide qu'apportent les victimes de maladies rares au reste de la population est souvent évidente. Comme nous l'avons vu, c'est grâce à des recherches sur des patients atteints d'hypercholestérolémie familiale (qui provoque un taux de cholestérol élevé et des crises cardiaques) que les médecins ont pu mettre au point le Tahor, médicament qui aide aujourd'hui des millions de personnes dans le monde.

Ma propre expérience dans le monde de la recherche pharmaceutique est également surprenante. La route qui mène d'une obscure condition génétique à un nouveau traitement est parfois pleine de détours. Ainsi, mon intérêt persistant pour les maladies rares m'a finalement conduit à la découverte d'un antibiotique innovant, baptisé « Siderocillin », qui fonctionne comme une bombe intelligente ciblant spécialement les « superbactéries ».

Dans les années 1990, j'étais pourtant bien loin de m'intéresser aux antibiotiques. J'étudiais alors une maladie appelée « hémochromatose », affection héréditaire où l'organisme absorbe en trop grandes quantités le fer contenu dans les aliments, augmentant ainsi les risques de cancer du foie, d'insuffisance cardiaque et de mort prématurée. Mais ce que j'allais apprendre lors de ces recherches, c'est que certains des principes révélés par les maladies rares pouvaient servir à la création de médicaments innovants destinés à d'autres secteurs de la médecine.

Selon le Centre américain de contrôle et de prévention des maladies, les superbactéries tuent chaque année 20 000 personnes aux États-Unis. Elles sont particulièrement dangereuses parce qu'elles résistent à la plupart des antibiotiques présents dans l'arsenal pharmaceutique actuel (et même à tous pour certaines d'entre elles). La Siderocillin pourrait donc traiter des millions de personnes et sauver des milliers de vies.

Mais quand j'ai soumis mon invention pour la première fois, il n'y avait aucune relation linéaire scientifiquement prouvée entre l'hémochromatose et les infections résistantes aux antibiotiques. De nombreux collègues n'ont donc pas tout de suite compris pourquoi j'étudiais simultanément ces deux problèmes apparemment étrangers l'un à l'autre.

Les connaissances que j'ai amassées en étudiant des maladies génétiques rares m'ont permis de déposer vingt brevets. Pour la Siderocillin, les essais cliniques sur l'être humain devraient débuter en 2015. Ce médicament illustre à merveille l'efficacité de cette approche où l'on se sert d'informations tirées de maladies génétiques ne touchant qu'une poignée de personnes pour développer des traitements destinés au reste de la population.

Les pathologies génétiques rares nous apportent bien d'autres choses encore. Comme nous allons le voir dans l'exemple suivant, c'est sans doute grâce à elles que nous cesserons de faire du mal à nos enfants pour quelques malheureux centimètres de plus.

Imaginez-vous affranchi de votre patrimoine héréditaire, libéré de tous les gènes qui augmentent les risques de cancers. Le rêve ? Oui, mais il y a un piège : cela signifierait avoir le syndrome de Laron.

Si elle n'est pas traitée, cette maladie congénitale donne des adultes mesurant généralement moins de 1,25 m, avec le front proéminent, les yeux et la racine du nez enfoncés, un menton petit et une obésité du tronc. Nous connaissons dans le monde trois cents personnes dans ce cas, dont environ un tiers se concentre dans une poignée de villages reculés des hauts plateaux andins, dans la province équatorienne de Loja[5].

Or, tous semblent pratiquement immunisés contre le cancer.

Vous vous demandez pourquoi ? Je pense que pour mieux comprendre le syndrome de Laron, il est utile de connaître une autre maladie génétique qui se situe à l'exact opposé, le syndrome de Gorlin, qui prédispose au contraire à différents types de cancer, et notamment à un cancer de la peau appelé « carcinome basocellulaire* ». Si ce dernier est relativement courant chez les adultes ayant passé une bonne partie de leur vie sous le soleil, le syndrome de Gorlin précipite son apparition, qui peut se produire dès le début de l'adolescence même en l'absence d'exposition excessive au soleil.

Le syndrome de Gorlin touche environ une personne sur 30 000, mais on pense que de nombreux cas ne sont pas diagnostiqués. En général, il faut qu'un cancer se déclare pour que les patients ou leur famille apprennent qu'ils sont victimes de cette pathologie génétique. Il existe pourtant quelques indices dysmorphologiques relativement fréquents et assez facilement repérables. Parmi eux figurent la macrocéphalie (une tête plus grosse que la normale), l'hypertélorisme (des yeux très écartés), la syndactylie des deuxièmes et troisièmes orteils[6] (pieds « palmés »). Parmi les autres éléments de diagnostic courants, citons également de petits trous dans la paume de la main et une forme des

* Avec environ 2 millions de nouveaux cas diagnostiqués chaque année, le carcinome basocellulaire est le cancer le plus courant aux États-Unis, sans être toutefois le plus mortel. Évidemment, toutes les personnes touchées par ce type de cancer n'ont pas le syndrome de Gorlin.

côtes caractéristique, visible sur une radiographie de la poitrine.

Reste encore à savoir pourquoi le syndrome de Gorlin favorise les tumeurs, et en particulier pourquoi il prédispose au cancer de la peau même sans exposition au soleil. Pour y répondre, je dois vous parler d'un gène appelé PTCH1. En général, le corps l'utilise pour fabriquer une protéine appelée « Patched-1 » qui joue un rôle déterminant dans le contrôle de la croissance cellulaire. Elle ne fonctionne pas bien chez les patients atteints du syndrome de Gorlin, et l'arrivée de la protéine Sonic Hedgehog* suffit alors à relâcher le contrôle sur la croissance des cellules, qui sont alors libres de se diviser à volonté[7].

C'est bien sûr un problème, puisqu'une croissance débridée mène à l'anarchie cellulaire, ce qui peut malheureusement provoquer un cancer.

Mais, que nous apprend le syndrome de Gorlin sur le syndrome de Laron ? En un sens, il représente son opposé génétique, ce dernier favorisant la croissance cellulaire tandis que le premier la réfrène. Le syndrome de Laron est dû à des mutations qui insensibilisent le récepteur des hormones de croissance, ce qui explique pourquoi les sujets atteints sont souvent très petits.

Au lieu de l'anarchie cellulaire observée dans le syndrome de Gorlin, on a donc un fort contrôle de la croissance, une sorte de totalitarisme cellulaire.

Politiquement, bien sûr, on peut exprimer de nombreuses réserves quant à ce système, mais, d'un point de vue strictement biologique, il est merveilleusement efficace. Sans lui, vous ne seriez pas en train de lire ce livre. Son

* Au cas où vous vous poseriez la question, Sonic Hedgehog doit effectivement son nom au personnage du jeu vidéo Sega.

auteur n'existerait d'ailleurs pas non plus, ni aucun autre organisme pluricellulaire de notre planète.

Tous les êtres vivants sont en effet le produit du totalitarisme biologique. Celui-ci promeut coûte que coûte l'obéissance cellulaire. Il impose sa loi au moyen de récepteurs présents à la surface des cellules potentiellement indisciplinées, les condamnant à se faire hara-kiri. On appelle « apoptose » ce type de suicide programmé.

Comme les samouraïs déshonorés, les cellules qui osent nourrir de grandes ambitions en voulant s'élever au-dessus de leurs milliards de consœurs sont programmées pour mettre fin à leurs jours. C'est ce même processus qui pousse au sacrifice les cellules infectées par un agent pathogène, assurant ainsi la protection de l'organisme face aux envahisseurs microbiens. Enfin, c'est encore lui que nous avions vu à l'œuvre quand nous évoquions la formation des doigts et des orteils : si les cellules formant la palmure ne mouraient pas – comme cela arrive parfois dans certaines maladies –, on se retrouverait avec des moufles en guise de mains.

Voilà pourquoi l'équilibre s'avère là aussi essentiel : il faut que les mécanismes limitant la division des cellules soient sans cesse contrebalancés par de nécessaires phases de croissance. Pensez simplement à toutes les blessures que vous avez subies, des petites coupures aux accidents nettement plus graves, et imaginez tout le travail de réparation et de réagencement que votre corps a alors accompli. Il s'agit toujours de trouver le juste milieu entre la vie et la mort des cellules, à travers un processus d'équilibrage naturel qui a lieu des millions de fois chaque jour.

Auriez-vous envie de semer la zizanie dans cette délicate mécanique ?

Sans doute pas. Pourtant vous ou l'une de vos connaissances l'avez probablement déjà fait.

Être grand présente quelques avantages. Pour les enfants, cela signifie moins d'ennuis dans la cour de l'école et plus d'heures de jeu sur les terrains de sport. Une étude a montré qu'à l'âge adulte, les personnes de grande taille accédaient plus facilement à des postes élevés et valorisants, et qu'elles gagnaient mieux leur vie par rapport à la moyenne de leurs collègues plus petits[8].

Il y a bien sûr de nombreuses exceptions. L'une des plus célèbres est Napoléon Bonaparte, même s'il semble qu'il était en fait moins petit qu'on ne le dit souvent. Au tournant du XIXe siècle, les pieds des mesures françaises étaient un peu plus longs que les pieds britanniques. Or les Britanniques, qui n'étaient pas ses plus grands amis, se sont abstenus de faire la conversion, laissant croire qu'il mesurait à peine plus d'1,55 m alors qu'il atteignait probablement 1,68 m, une taille tout simplement moyenne pour un homme de l'époque[9].

Quoi qu'il en soit, chaque centimètre compte quand il s'agit de taille, et il faut bien admettre que les gens capables d'atteindre l'étagère du haut sans tabouret sont parfois bien utiles.

La petite taille constitue le premier motif de consultation en endocrinologie pédiatrique. Non parce que la taille changerait quelque chose à l'amour des parents, mais parce qu'elle est aujourd'hui devenue une véritable marchandise. Voilà maintenant un demi-siècle que le traitement par hormones de croissance recombinantes est proposé aux quelques enfants souffrant d'un retard de croissance sévère. Bien informés, les parents d'aujourd'hui savent donc qu'ils peuvent influer sur la taille de leur enfant – et, théoriquement, leur donner un avantage pour l'avenir[10].

La liste des maladies pour lesquelles on prescrit des hormones de croissance ne cesse de s'allonger. Du syndrome de Prader-Willi (premier trouble épigénétique découvert sur l'être humain) au syndrome de Noonan (que j'avais identifié sur une amie de ma femme, Susan, au cours d'un dîner), il y a de plus en plus d'affections que l'on traite en injectant des hormones de croissance ici ou là dans le corps.

Ce sont parfois des troubles graves où l'hormone de croissance s'avère indispensable. Cependant, il y a de nombreux cas où son administration (généralement par une série d'injections régulières) sert uniquement à faire gagner quelques centimètres. La petite taille idiopathique caractérise les enfants dont la taille est inférieure de plus de deux déviations standard par rapport à la normale, mais chez qui aucune anomalie génétique, physiologique ou nutritionnelle n'a été détectée. Autrement dit, il s'agit sans doute d'enfants normaux, mais tout simplement très petits.

C'est précisément ce qui dérange Arlan Rosenbloom, endocrinologue à l'université de Floride qui a par ailleurs contribué à découvrir la rareté, voire l'absence de cancer chez les sujets atteints du syndrome de Laron. Quand je lui ai demandé son point de vue sur les hormones de croissance, il m'a répondu par un mot : « endo-esthétique ». C'est le surnom que donne Rosenbloom (et un nombre croissant de ses collègues) à l'usage des hormones de croissance dans un but esthétique, notamment en vue d'accroître la taille de l'enfant*.

Mais, si les hormones de croissance ont franchi avec succès toutes les barrières réglementaires (et elles sont nombreuses !), et si les études épidémiologiques n'ont pas fait apparaître un risque accru de cancers, alors quel est le problème ?

Pour répondre à cette question, il sera utile d'examiner une autre hormone, appelée IGF-1 (*Insulin-like Growth*

---

* A. Rosenbloom, « *Pediatric endo-cosmetology and the evolution of growth diagnosis and treatment* », *The Journal of Pediatrics*, 2011, 158: 187-193.

Factor-1), dont la production est stimulée par l'afflux d'hormones de croissance. L'IGF-1 ne contribue pas seulement à la croissance, mais aussi à la survie des cellules – ce qui est plutôt une bonne chose si vous essayez de faire grandir un enfant.

Mais avant d'accepter un traitement par hormone de croissance, lisez la suite : l'IGF-1 inhiberait également l'apoptose (le suicide cellulaire), ce qui s'avère dangereux, voire mortel, si un groupe de cellules transgresse les lois biologiques collectives.

Selon Rosenbloom, donner des hormones de croissance aux enfants sous le seul prétexte qu'ils sont plus petits que leurs camarades les expose à des risques inutiles (peut-être de cancer) dont nous ne pourrons prendre la mesure que dans plusieurs décennies. Pour lui, ce genre de traitement est davantage le résultat de campagnes de promotion menées par l'industrie pharmaceutique que d'un choix avisé assurant la santé et le bien-être à long terme de l'enfant.

Le marché de l'hormone de croissance représente aujourd'hui plusieurs milliards de dollars. Des millions sont dépensés chaque année pour convaincre les parents inquiets que leur enfant chéri, qui est peut-être un peu plus petit que la moyenne, a absolument besoin de cette intervention onéreuse et pas franchement nécessaire.

Si les gens atteints du syndrome de Laron sont à l'abri du cancer parce que leur organisme ne réagit pas à l'hormone de croissance, doit-on accepter les risques et continuer d'injecter dans le sang de nos enfants la version synthétique de cette même hormone ? Si les parents entendaient parler du syndrome de Laron et prenaient conscience des risques potentiels de cancer, ils seraient sûrement moins tentés d'y avoir recours.

Quand le syndrome de Laron a été décrit pour la première fois, vers le milieu des années 1960, personne ne se doutait qu'il offrirait, des décennies plus tard, une information capitale sur l'immunité au cancer – ni que l'étude des maladies rares pouvait apporter autre chose qu'un savoir médical abscons.

Comme nous l'avons vu au cours de cette odyssée génétique, les cas rares permettent souvent de faire de grandes découvertes qui profitent au reste de la population. C'est par exemple en étudiant l'hémochromatose que j'ai pu découvrir un nouvel antibiotique. Nous devons une reconnaissance infinie aux personnes atteintes de maladies rares et à leurs familles. Le cadeau médical qu'elles nous font est sans prix.

Au fil des ans, j'ai rencontré un nombre incalculable de patients touchés par une affection rare. Pourtant, je ne pourrai jamais me mettre à leur place ni savoir ce qu'ils ressentent au plus profond. D'ailleurs, personne n'en est capable.

Mon métier m'offre toutefois un point de vue unique sur ces personnes extrêmement fortes, sur ces patients et leurs familles qui reçoivent avec un courage incroyable des diagnostics mettant à l'épreuve leur patience, leur compassion, leur endurance physique et leur force d'âme.

Prenons par exemple la mère de Nicholas, Jen, qui s'est peu à peu taillé une réputation de « mamma kung-fu » en défendant son fils avec ténacité.

Jen n'a pas caché sa fierté quand je lui ai révélé son surnom (Nicholas, lui, a été pris de fou rire). Elle a raison parce que, nous, les médecins, avons besoin de parents comme elle pour nous inciter à aller plus loin, pour nous pousser à faire preuve de créativité dans notre façon d'envisager les maladies dont souffrent leurs enfants.

Ils nous donnent aussi une leçon, ils rappellent ce que signifie être reconnaissant envers toutes les choses, apparemment sans importance et pourtant nécessaires, qui doivent se produire jour après jour pour faire de nous ce que nous sommes – des choses que l'on ne remarque pas, sauf dans les rares occasions où elles ne fonctionnent pas. Je ne pense pas seulement à ce qui se passe dans le génome, mais au sens que revêt le fait d'être humain, la lutte pour la vie, et l'amour.

Ce n'est pas tout : ces patients et leurs familles courageuses nous aident à diagnostiquer, traiter et soigner un nombre incalculable de maladies plus courantes. Être à leurs côtés me rappelle que j'ai souvent bien plus à apprendre d'eux que je n'ai à leur donner.

Profondément enfoui dans chaque personne atteinte d'une maladie rare se cache un secret qui, si elle choisit de le dévoiler, pourra peut-être un jour servir à guérir et aider tous les autres.

ÉPILOGUE

De la mer des Caraïbes au mont Fuji, nous avons parcouru de vastes domaines, découvert des athlètes génétiquement dopés et d'étonnants fakirs, entendu parler d'os préhistoriques et de piratage du génome…

Nous avons vu que les gènes n'oubliaient pas facilement les traumatismes, qu'un simple changement de régime changeait les abeilles ouvrières en reines, et que nos petits écarts laissaient facilement leur marque sur l'ADN.

Tout au long de ce livre, nous avons observé comment les expériences vécues transformaient l'héritage génétique. Nous savons maintenant que la flexibilité est la clé de la vie et que la rigidité s'avère finalement l'ennemie de la force.

Pendant le développement intra-utérin, une infime modification dans l'expression du génome suffit parfois à changer le sexe de l'enfant. Si Ethan est né garçon et non pas fille, ce n'est pas seulement le résultat de son héritage génétique. Souvenez-vous, les gens qui présentent des séquences génétiques similaires à celles d'Ethan deviennent habituellement des filles. Il a donc aussi fallu qu'un petit changement survienne dans la délicate synchronisation de l'expression génétique.

Enfin, nous avons vu que les personnes atteintes de maladies génétiques rares nous offraient une occasion de percer les mystères de l'ADN. Nous leur devons beaucoup. Chose étonnante, c'est en étudiant nos imperfections héréditaires que nous aurons le plus de chances de les dépasser.

Quand on sait de quoi son propre génome a besoin, il est tout à fait possible de l'influencer.

Peut-être qu'un jour une amie vous dira qu'elle mange plus de fruits et légumes depuis quelque temps, et qu'elle se sent pourtant ballonnée et plus fatiguée que d'habitude. Alors, vous vous rappellerez Jeff, le chef cuisinier. Peut-être aurez-vous oublié le nom de sa maladie (intolérance héréditaire au fructose), mais vous vous souviendrez d'une chose : il n'existe aucun régime qui puisse convenir à tout le monde. Comme nous l'avons appris avec Jeff, l'alimentation qui fait du bien à la plupart des gens peut s'avérer mortelle pour d'autres.

Peut-être qu'une fois vos enfants nés, si l'un d'entre eux est un peu plus petit que la moyenne, vous entendrez parler du traitement par hormone de croissance. Grâce à ce livre, vous vous souviendrez de la condition génétique (le syndrome de Laron) qui touche notamment une centaine de personnes dans les montagnes équatoriennes, et vous vous rappellerez l'essentiel : leur absence de réaction aux hormones de croissance semble les prémunir contre le cancer. Vous disposerez alors d'informations utiles pour faire un choix avisé.

En repensant à Meghan, pour qui un exemplaire supplémentaire du gène CYP2D6 a transformé une banale prescription de codéine en peine de mort, vous aurez le courage de prendre la parole, pas seulement pour votre enfant, mais aussi pour tous ceux qui souffrent d'une maladie rare et dont la vie apporte des informations essentielles au savoir médical.

C'est ce que font Liz et David pour la petite Grace. Ses os ne seront probablement jamais aussi solides que ceux des autres enfants, mais elle prouve tous les jours, à moi-même et à ceux qui l'entourent, que son génome n'est pas un livre terminé, déjà écrit, édité et paru, mais une histoire qu'elle est encore en train de raconter.

Vous rappelez-vous ce qu'avait dit la femme de l'orphelinat ? « Vous êtes son destin. » Ce ne sont pas ses gènes ni ses os cassants, mais bien l'homme et la femme qui ont ressenti le besoin d'être ses parents et lui ont offert de nouveaux droits : celui de vivre en dépit de son héritage génétique, et aussi celui de s'épanouir.

La vitalité génétique n'est pas seulement le résultat des gènes transmis par les générations précédentes. Nous avons aussi la possibilité de transformer ce que nous recevons et ce que nous donnons, et de changer ainsi le cours de la vie.

NOTES

CHAPITRE 1 : DANS LA TÊTE D'UN GÉNÉTICIEN

1. Certains noms et descriptions ont été modifiés pour protéger l'intimité de mes patients, amis et collègues, et pour clarifier mon propos.
2. Le prix du séquençage a considérablement baissé, mais les délais et les coûts associés à l'interprétation des données doivent également être pris en compte.
3. Certains principes psychologiques fondamentaux entrent ici en jeu. Pour plus d'informations sur le sujet, voir : J. Nevid, *Psychology Concepts and Applications*, Boston, Houghton Mifflin, 2009.
4. M. Rosenfield, « *Model expert offers "something special"* », *The Pittsburgh Press,* 15 janvier 1979.
5. Paul-Gérard Pasols, *Louis Vuitton : la naissance du luxe moderne*, Paris, éditions de la Martinière, 2005.
6. Le « National Center for Biotechnology Information » fournit des informations fiables et complètes sur toutes sortes de maladies, y compris l'anémie de Fanconi : www.ncbi.nlm.nih.gov.
7. Les réagencements du gène PAX3 seraient par ailleurs impliqués dans certaines formes de cancers rares appelés « rhabdomyosarcomes alvéolaires ». S. Medic et M. Ziman, « *PAX3 expression in normal skin melanocytes et melanocytic lesions (naevi and melanomas)* », *PLOS One,* 5 : e9977, 2010.
8. La proportion de naissances vivantes avec trisomie 21 est d'environ 1 pour 700.
9. Bien qu'elle ne soit pas d'usage courant aujourd'hui, l'analyse du méconium fœtal permet de déceler une exposition du fœtus

à l'alcool grâce à la présence de molécules appelées « esters éthyliques d'acides gras » (EEAG).

10. Si l'on considère qu'un pouce épais doit rester caché, quelles sont les implications pour tous ceux qui présentent des anomalies physiques plus sévères et invalidantes ? Personnellement, je suis affligé de voir jusqu'où les publicitaires sont capables d'aller pour véhiculer l'idée de perfection – et en particulier celle de la femme idéale. Voir I. Lapowsky, « *Megan Fox uses a thumb double for her sexy bubble bath commercial* », *New York Daily News*, 8 février 2010.
11. K. Bosse *et al.*, « *Localization of a gene for syndactyly type 1 to chromosome 2q34-q36* », *American Journal of Human Genetics,* 2000, 67:492-497.
12. L'union entre deux personnes de la même famille accroît les risques de pathologie génétique. Ils sont multipliés par deux ou même davantage, selon l'origine ethnique de la famille.
13. La dysmorphologie est une surspécialité médicale qui utilise les caractéristiques anatomiques du patient pour comprendre son histoire génétique et environnementale. Si la terminologie employée par les dysmorphologistes vous intéresse, je suggère la lecture du numéro spécial : « *Special Issue: Elements of Morphology : Standard Terminology* », *American Journal of Medical Genetics Part A,* 2009, 149 : 1-127, 2009. Pour en apprendre davantage sur ce domaine passionnant, commencez avec *The Journal of Clinical Dysmorphology*, revue scientifique rassemblant des articles sur les études et les cas relatifs à ce champ.

CHAPITRE 2 : QUAND UN GÈNE FAIT DES SIENNES

1. S. Manzoor, « *Come inside : The world's biggest sperm bank* », *The Guardian*, 2 novembre 2012.
2. C. Hsu, « *Denmark tightens sperm donation law after "Donor 7 042" passes rare genetic disease to 5 babies* », *Medical Daily,* 25 septembre 2012.
3. 16. R. Henig, *The Monk in the Garden: The Lost and Found Genius of Gregor Mendel, the Father of Genetics*, New York, Houghton Mifflin Harcourt, 2000.

4. Mendel emploie le mot allemand *Vererbung*, traduit en français par « hérédité » ou « transmission héréditaire ». L'usage du terme allemand est antérieur à l'article de Mendel.

5. D. Lowe, « *These identical twins both have the same genetic defect. It affects Neil on the inside and Adam on the outside* », *The Sun*, 24 janvier 2011.

6. M. Marchione, « *Disease underlies Hatfield-McCoy feud* », *The Associated Press*, 5 avril 2007.

7. Pour en savoir plus sur la maladie de von Hippel-Lindau et venir en aide aux associations, rendez-vous sur le site de NORD (National Organization for Rare Disorders) : http://www.rarediseases.org/rare-disease-information/rare-disease/byID/181/viewFullReport.

8. L Davies, « *Unknown Mozart score discovered in French library* », *The Guardian,* 18 septembre 2008.

9. M Doucleff, « *Anatomy of a tear-jerker : Why does Adele's* Someone like you *make everyone cry? Science has found the formula* », *The Wall Street Journal*, 11 février 2012.

10. Vous pouvez écouter Leisinger jouer sur le piano de Mozart sur le site www.themozartfestival.org.

11. G. M. Yaxley *et al*, *Diamonds in Antarctica? Discovery of Antarctic Kimberlites Extends Vast Gondwanan Cretaceous Kimberlite Province,* Research School of Earth Science, Australian National University, 2012.

12. E. Goldschein, « *The incredible story of how De Beers created and lost the most powerful monopoly ever* », *Business Insider*, 19 décembre 2011.

13. E. J. Epstein, « *Have you ever tried to sell a diamond?* », *The Atlantic*, 1er février 1982

14. H. Ford, S. Crowther, *My Life and Work*, Garden City Publishing, New York, 1922.

15. D. Magee, *How Toyota became #1 : Leadership Lessons from the World's Greatest Car Company,* New York, Penguin Book, 2007.

16. A. Johnson, « *One giant step for better heart research?* » *The Wall Street Journal*, 16 avril 2011.

17. De nombreux articles ont été écrits sur le sujet. Voici l'un de mes préférés : H. Katsume *et al*, « *Disuse atrophy of the left ventricle*

in chronically bedridden elderly people», *Japanese Circulation Journal*, 1992, 53: 201-206.

18. J. M. Bostrack, W. F Millington, «*On the determination of leaf form in an aquatic heterophyllous species of* Ranunculus», *Bulletin of the Torrey Botanical Club*, 1962, 89: 1-20.

CHAPITRE 3 : MODIFIER LES GÈNES

1. Cet article cité des centaines de fois est une référence en la matière : M Kamakura, «*Royalactin induces queen differentiation in honeybees*», *Nature*, 2011, 473 : 478. Si les abeilles vous fascinent autant que moi, vous serez peut-être aussi intéressé par l'article suivant : A. Chittka, L. Chittka, «*Epigenetics of royalty*», *PLOS Biology*, 2010, 8 : e1000532.
2. F. Lyko *et al*, «*The honeybee epigenomes : Differential methylation of brain DNA in queens and workers*», *PLOS Biology*, 2010, 8 : e1000506.
3. R. Kucharski *et al*, «*Nutritional control of reproductive status in honeybee via DNA methylation*», *Science*, 2008, 319 : 1827-1830.
4. B. R. Herb *et al.*, «*Reversible switching between epigenetic states in honeybee behavioral subcastes*», *Nature Neuroscience*, 2012, 15 : 1371-1373.
5. L'être humain possède deux versions différentes, DNMT3A et DNMT3B, qui présentent des homologies et des similitudes en termes de catalyse avec le gène DNMT3 de l'*Apis mellifera*, ou abeille occidentale. Si le sujet vous intéresse, voir l'article suivant : Y. Wang *et al.*, «*Functional CpG methylation system in a social insect*», *Science*, 2006, *27 : 645-547.*
6. M. A. Parasramka *et al.*, «*MicroRNA profiling of carcinogen-induced rat colon tumors and the influence of dietary spinach*», *Molecular Nutrition & Food Research*, 2012, 56 : 1259-1269.
7. A. Moleres *et al.*, «*Differential DNA methylation patterns between high and low responders to a weight loss intervention in overweight or obese adolescents: the EVASYON study*», *FASEB Journal*, 2013, 27 : 2504-2512.

8. T. B. Franklin *et al.*, «*Epigenetic transmission of the impact of early stress across generations*», *Biological Psychiatry*, 2010, 68 : 408-415.

9. R. Yehuda *et al.*, «*Gene expression patterns associated with posttraumatic stress disorder following exposure to the World Trade Center attacks*», *Biological Psychiatry*, 2009, 66 : 608-711; R. Yehuda *et al.*, «*Gene expression patterns associated with posttraumatic stress disorder in babies of mothers exposed to the World Trade Center attacks during pregnancy*», *Journal of Clinical Endocrinology & Metabolism*, 2005, 90 : 4115-4118.

10. S. Sookoian *et al.*, «*Fetal metabolic programming and epigenetic modifications: A systems biology approach*», *Pediatric Research*, 2013, 73 : 531-542.

CHAPITRE 4 : CE QUE L'ON N'UTILISE PAS SE PERD

1. E. Quijano, « *"Kid President": A boy easily broken teaching how to be strong*», CBS News.com, 4 mars 2013.

2. Ce genre d'histoire tragique est heureusement assez rare. H. Weathers, «*They branded us abusers, stole our children and killed our marriage: parents of boy with brittle bones attack social workers who claimed they beat him*», *The Daily Mail*, 19 août 2011.

3. U. S. Department of Health and Human Services, *Child Maltreatment*, 2011.

4. On trouve des descriptions détaillées de la FOP dans des traités médicaux vieux de deux cent cinquante ans, mais sa cause est restée mystérieuse jusqu'à très récemment. Pour plus d'informations sur la FOP, voir : F. S. Kaplan *et al*, «*Fibrodysplasia ossificans progressiva*», *Best practice and research : Clinical Rheumatology*, 2008, 22 : 191-205.

5. La famille d'Ali a soulevé des montagnes pour la petite fille et toutes les victimes de la FOP : N. Golgowski, «*The girl who is turning into stone: Five-year-old with rare condition faces race against time for cure*», *The Daily Mail*, 1er juin 2012.

6. Aujourd'hui, n'importe quel examen dysmorphologique comprend l'observation du gros orteil s'il y a suspicion de FOP. M. Kartal-Kaess *et al*, «*Fibrodysplasia ossificans progressiva*

(FOP): watch the great toes», *European Journal of Pediatrics*, 2010, 169: 1417-1421.

7. A. J. Stirland, «*Asymmetry and activity-related change in the male humerus*», *International Journal of Osteoarcheology*, 1993, 3: 105-113.
8. Le *Mary Rose* est resté au fond de la mer jusqu'à ce qu'on le remonte en 1982. Depuis, les scientifiques cherchent à découvrir l'identité et l'histoire des marins qui se trouvaient à bord du navire: A. Hough, «*Mary Rose: scientists identify shipwreck's elite archers by RSI*», *The Telegraph*, 18 novembre 2012.
9. Si, par hasard, l'héritabilité des oignons vous intéresse, voir: M. T. Hannan *et al.*, «*Hallux valgus and lesser toe deformities are highly heritable in adult men and women: the Framingham foot study*», *Arthritis Care Research* (Hoboken), 2013.
10. Sorti de son contexte, un sac à dos chargé pourrait être considéré comme un instrument de torture. Voir D. H-K. Chow *et al.*, «*Short-term effects of backpack load placement on spine deformation and repositioning error in schoolchildren*», *Ergonomics*, 2004, 53: 56-64.
11. A. A. Kane *et al.*, «*Observations on a recent increase in plagiocephaly without synostosis*», *Pediatrics*, 1996, 97: 877-885; W. S. Biggs, «*The "epidemics" of deformational plagiocephaly and the American Academy of Pediatrics' response*», *JPO: Journal of Prosthetics and Orthotics*, 2004, 16: S5-S8.
12. Avant d'investir dans un casque de remodelage crânien, je vous invite à lire: J.-F. Wilbrand *et al.*, «*A prospective randomized trial on preventative methods for positional head deformity: Physiotherapy versus a positioning pillow*», *The Journal of Pediatrics*, 2013, 162: 1216-1221.
13. C'est un poisson absolument fascinant. Pour plus d'informations, veuillez consulter: J. G. Lunderg et B. Chernoff, «*A Miocene fossil of the Amazonian fish Arapaima (Teleostei, Arapaimidae) from the Magdalena River region of Columbia – Biogeographic and evolutionary implications*», *Biotropica*, 1992, 24: 2-14.
14. M. A. Meyers *et al.*, «*Battle in the Amazon: Arapaima versus Piranha*», *Advanced engineering Materials*, 2012, 14: 279-288.
15. Parmi les nombreuses découvertes ayant prouvé l'effet considérable du changement d'un seul nucléotide, l'une des premières

aura été celle d'une forme létale d'ostéogenèse imparfaite due à une variation génétique infime. Voir D. H. Cohn *et al.*, « *Lethal osteogenesis imperfecta resulting from a single nucleotide change in one human pro alpha 1 (1) collagen allele* », *Proceedings of the National Academy of Science,* 1986, 83 : 6045-6047.

16. D. R. Taaffe *et al.*, « *Differential effects of swimming versus weight-bearing activity on bone mineral status of eumenorrheic athletes* », *Journal of Bone and Mineral Research,* 1995, 10 : 586-593.
17. Les photos et vidéos accompagnant l'histoire de leur atterrissage témoignent des difficultés qu'ont rencontrées les trois astronautes en retrouvant soudain la gravité terrestre. Voir P. Leonard, « *"It's a bullseye": Russian Soyuz capsule lands back on Earth after 193-day space mission* », *Associated Press*, 2 juillet 2012.
18. A. Leblanc *et al.*, « *Biphosphonates as a supplement to exercise to protect bone during long-duration spaceflight* », *Osteoporosis International,* 2013, 24 : 2015-2114.

CHAPITRE 5 : NOURRIR LES GÈNES

1. F. Rohrer, « *China drinks its milk* », *BBC News Magazine*, 7 août 2007.
2. Cela paraît logique étant donné que bon nombre de personnes ne savent pas cuisiner grand-chose, et encore moins des plats à la fois sains et savoureux. Pour plus d'informations, voir : P. J. Curtis *et al.*, « *Effects on nutrient intake of a family-based intervention to promote increased consumption of low-fat starchy foods through education, cooking skills and personalized goal* », *British Journal of Nutrition*, 2012, 107 : 1833-1844.
3. D. Martin, « *From omnivore to vegan: The dietary education of Bill Clinton* », *CNN.com*, 18 août 2011.
4. S. Bown, *Scurvy: How a Surgeon, a Mariner and a Gentleman Solved the Greatest Medical Mystery of the Age of Sail,* West Sussex, Summersdale Publishing Ltd, 2003.
5. L. E. Cahill et A. El-Sohemy, « *Vitamin C transporter gene polymorphisms, dietary vitamin C and serum ascorbic acid* », *Journal of Nutrigenetics and Nutrigenomics,* 2009, 2 : 292-301.

6. H. C. Erichsen *et al.*, « *Genetic variation in the sodium-dependent vitamin C transporters, SLC23A1, and SLC23A2 and risk for preterm delivery* », *American Journal of Epidemiology,* 2006, 163 : 245-254.

7. Si vous voulez lire davantage sur le sujet, voici un article qui explore certaines de ces idées : E. L. Stuart *et al.*, « *Reduced collagen and ascorbic acid concentrations and increased proteolytic susceptibility with prelabor fetal membrane rupture in women* », *Biology of Reproduction,* 2004, 72 : 230-235.

8. Ce fut le cas de Jeff, le restaurateur dont nous avions parlé au premier chapitre, quand il a suivi les conseils diététiques de son médecin.

9. Pour en apprendre davantage sur la pharmacogénétique de la caféine, voir : Palatini *et al.*, « *CYP1A2 genotype modifies the association between coffee intake and the risk of hypertension* », *Journal of Hypertension,* 2009, 27 : 1594-1601 ; M. C. Cornelis *et al.*, « *Coffee, CYP1A2 genotype, and risk of myocardial infarction* », *The Journal of the American Medical Association,* 2006, 295 : 1135-1141.

10. I. Sekirov *et al.*, « *Gut microbiota in health and disease* », *Physiological Reviews,* 2010, 90 : 859-904.

11. Il faut souvent attendre quelques semaines avant que la cavité abdominale n'atteigne un volume suffisant. Une protection appelée « silo » est installée autour de l'intestin pour le protéger pendant cette période. Même si cela peut occasionner une gêne visuelle pour les parents et les proches du bébé victime de laparoschisis, cette période d'attente est nécessaire pour pouvoir réinsérer l'intestin dans le corps et refermer sans danger la paroi abdominale.

12. N. Fei et L. Zhao, « *An opportunistic pathogen isolated from the gut of an obese human causes obesity in germfree mice* », *The ISME Journal,* 2013, 7 : 880-884.

13. Si ce sujet vous intéresse, voir l'article suivant : R. A. Koeth *et al.*, « *Intestinal microbiota metabolism of L-carnitine, a nutrient in red meat, promotes atherosclerosis* », *Nature Medicine,* 2013, 19 : 576-585.

14. S. A. Centerwall et W. R. Centerwall, « *The discovery of phenylketonuria: The story of a young couple, two retarded children, and a scientist* », *Pediatrics,* 2000, 105 : 89-103.

15. P. Buck, *L'enfant qui ne devait jamais grandir,* Paris, Stock, 1950.

CHAPITRE 6 : LE DOSAGE DES GÈNES

1. Si vous cherchez des informations sur les cas similaires à celui de Meghan, voici un bon point de départ : L. E. Kelly *et al.*, « *More codeine fatalities after tonsillectomy in North American children* », *Pediatrics*, 2012, 129 : e1343-1347.

2. Que s'est-il passé entre-temps ? Un très lent mouvement qui a finalement abouti à une décision salvatrice. Bien souvent, c'est malheureusement ainsi que la science médicale progresse. Voir B. M. Kuehn, « *FDA: No codeine after tonsillectomy for children* », *Journal of the American Medical Association,* 2013, 309 : 1100.

3. A. Gaedigk *et al.*, « *CYP2D7-2D6 hybrid tandems: Identification of novel CYP2D6 duplication arrangements and implications for phenotype prediction* », *Pharmacogenomics,* 2010 ; D. G. Williams *et al.*, « *Pharmacogenetics of codeine metabolism in an urban population of children and its implications for analgesic reliability* », *British Journal of Anesthesia,* 2002, 89 : 839-845 ; E. Aklillu *et al.*, « *Frequent distribution of ultrarapid metabolizers of debrisoquine in an Ethiopian population carrying duplicated and multiduplicated functional CYP2D6 alleles* », *Journal of Pharmacology and Experimental Therapeutics*, 1996, 278 : 441-446.

4. Rose, qui est mort en 1993, est à juste titre un héros pour bon nombre de médecins et chercheurs : B. Miall, « *Obituary: Professor Geoffrey Rose* », *The Independent,* 16 novembre 1993.

5. De même que les effets de la codéine varient grandement selon le patrimoine génétique de chacun, les effets de toute intervention médicale peuvent être radicalement différents d'une personne à l'autre, parfois pour le meilleur, et parfois pour le pire : G. Rose, « *Sick individuals and sick populations* », *International Journal of Epidemiology,* 1985, 14 : 32-38.

6. Voir A. M. Minihane *et al.*, «*APOE polymorphism and fish oil supplementation in subjects with an atherogenic lipoprotein phenotype*», *Arteriosclerosis, Thrombosis, and Vascular Biology*, 2000, 20 : 1990-1997.
7. M. Park, «*Half of Americans use supplements*», *CNN.com*, 13 avril 2013.
8. H. Bastion, «*Lucy Wills (1888-1964): The life and research of an adventurous independent woman*», *The Journal of the Royal College of Physicians of Edinburgh*, 2008, 38 : 89-91.
9. M. Hall, *Mish-Mash of Marmite: A-Z of Tar-in-a-Jar*, BeWrite Books, Londres, 2012.
10. Si le thème vous intéresse, voir : P. Surén *et al.*, «*Association between maternal use of folic acid supplements and risk of autism spectrum disorders in children*», *The Journal of the American Medical Association*, 2013, 309 : 570-577.
11. L. Yan *et al.*, «*Association of the maternal MTHFR C677T polymorphism with susceptibility to neural tube defects in offsprings: Evidence from 25 case-control studies*», *PLOS One*, 2012, 7 : e41689.
12. A. Keller *et al.*, «*New insights into the Tyrolean Iceman's origin and phenotype as inferred by whole-genome sequencing*», *Nature Communications*, 2012, 3 : 698.
13. www.familysearch.org (Je ne peux pas assurer que l'inscription sur le site n'entraînera pas une visite à domicile de missionnaires mormons.)

CHAPITRE 7 : PRENDRE POSITION

1. Pour plus d'informations sur le parcours d'Occhilupo, lire : M. Occhilupo et T. Baker, *Occy: The rise and Fall and Rise of Mark Occhilupo*, Melbourne, Random House Australia.
2. P. Hilts, «*A sinister bias: New studies cite perils for lefties*», *The New York Times*, 29 août 1989.
3. L. Fritschi *et al.*, «*Left-handedness and risk of breast cancer*», *British Journal of Cancer*, 2007, 5 : 686-687.

4. Pour regarder le dessin animé de Walt Disney *Hawaiian Holiday,* reportez-vous au lien suivant : www.youtube.com/watch?v=SdIaEQCUVbk.

5. E. Domellöf *et al.*, « *Handedness in preterm born children: A systematic review and a meta-analysis* », *Neuropsychologia,* 2011, 49 : 2299-2310.

6. Pour plus d'informations sur le sujet, je vous conseille : O. Basso, « *Right or wrong? On the difficult relationship between epidemiologists and handedness* », *Epidemiology,* 2007, 18 : 191-193.

7. A. Rodriguez *et al.*, « *Mixed-handedness is linked to mental health problems in children and adolescents* », *Pediatrics,* 2010, 125 : e340-e348.

8. G. Lynch *et al.*, *Tom Blake: The Uncommon Journey of a Pioneer Waterman*, Irvine, Croul Family Foundation, 2001.

9. M. Ramsay, « *Genetic and epigenetic insights into fetal alcohol spectrum disorder* », *Genome Medicine,* 2 : 27, 2010 ; K. R. Warren et T. K. Li, « *Genetic polymorphisms: Impact on the risk of fetal alcohol spectrum disorder* », *Birth Defects Research Part A : Clinical and Molecular Teratology,* 2005, 73 : 195-203.

10. E. Domellöf *et al.*, « *Atypical functional lateralization in children with fetal alcohol syndrom* », *Developmental Psychobiology,* 2009, 51 : 696-705.

11. L'histoire de Naranjo est étonnante. Je vous invite à aller voir sur Youtube les vidéos qui le montrent au travail, et à lire : B. Edelman, « *Michael Naranjo: The artist who sees with his hands* », *Veterans Advantage,* 2 juillet 2002 (http://www.veteransadvantage.com/cms/content/michael-naranjo).

12. S. Moalem *et al.*, « *Broadening the ciliopathy spectrum: Motile cilia dyskinesia, and nephronophthisis associated with a previously unreported homozygous mutation in the INVS/NPHP2 gene* », *American Journal of Medical Genetics Part A,* 2013, 161 : 1792-1796.

13. La météorite aurait-elle simplement ramassé quelques acides aminés lors de la collision avec la surface gelée du lac ? Voici le compte rendu des scientifiques : D. P. Glavin *et al.*, « *Unusual nonterrestrial l-proteinogenic amino acid excesses in the Tagish Lake meteorite* », *Meteoritics & Planetary Science,* 2012, 47 : 1347-1364.

14. S. N. Han *et al.*, « *Vitamin E and gene expression in immune cells* », *Annals of the New York Academy of Science,* 2004, 1031 : 96-101.

15. G. J. Handleman *et al.*, « *Oral alpha-tocopherol supplements decrease plasma gamma-tocopherol levels in humans* », *The Journal of Nutrition,* 1985, 115 : 807-813.

16. J. M. Major *et al.*, « *Genome-wide association study identifies three common variants associated with serologic response to vitamin E supplementation in men* », *The Journal of Nutrition,* 2012, 142 : 866-871.

CHAPITRE 8 : NOUS AVONS TOUS QUELQUE CHOSE DE SPÉCIAL

1. Pour plus d'informations, consultez le projet génographique de la National Geographic Society : www.nationalgeographic.com.

2. M. Hanaoka *et al.*, « *Genetic variants in EPAS1 contribute to adaptation to high-altitude hypoxia in Sherpas* », *PLOS One,* 2012, 7 : e50566.

3. Parmi les signes que surveillent les pilotes et membres de l'équipage à bord des avions, la crise de fou rire peut être annonciatrice d'un manque d'oxygène dû à une dépressurisation de l'habitacle.

4. P. H. Hackett, « *Caffeine at high altitude: Java at base camp* », *High Altitude Medicine & Biology,* 2010, 11 : 13-17.

5. Slogan de Coca-Cola des années 1940.

6. A. de La Chapelle *et al.*, « *Truncated erythropoietin receptor causes dominantly inherited benign human erythrocytosis* », *Proceedings of the National Academy of Science,* 1993, 90 : 4495-4499.

7. Depuis 2006, date où il a émigré aux États-Unis avec femme et enfants, Apa Sherpa est retourné tous les ans au Népal pour sensibiliser l'opinion au réchauffement climatique et à la nécessité d'une meilleure éducation dans les communautés sherpas. Pour plus d'informations sur Apa Sherpa, lire l'article de M. LaPlante, « *Everest record-holder proudly calls Utah home* », *The Salt Lake Tribune,* 2 juin 2008.

8. D. J. Gaskin *et al.*, « *The economic costs of pain in the United States* », *The Journal of Pain,* 2012, 13 : 715-724.
9. B. Huppert, « *Minn. Girl who feels no pain, Gabby Gingras, is happy to "feel normal"* », *KARE11*, 9 février 2011; K. Oppenheim, « *Life full of danger for little girl who can't feel pain* », *CNN.com*, 3 février 2006.
10. J. J. Cox et al., « *An SCN91 channelopathy causes congenital inability to experience pain* », *Nature,* 2006, 444 : 894-898.

CHAPITRE 9 : PIRATER LE GÉNOME

1. Pour plus de chiffres sur la prévalence des différents types de cancer, le site de l'American Cancer Society offre un bon point de départ : www.cancer.org.
2. C. Brown, « *The king herself* », *National Geographic,* 215(4), avril 2009.
3. On ne connaît pas encore le rôle exact de l'alimentation dans le développement du cancer chez certaines espèces de dinosaures. Il semble que toutes les espèces n'aient pas été également affectées. Pour en apprendre davantage sur ces recherches passionnantes, voir : B. M. Rotschild *et al.*, « *Epidemiologic study of tumors in dinosaurs* », *Naturwissenschaften*, 90 : 495-500, 2003 ; J. Whitfield, « *Bone scans reveal tumors only in duck-billed species* », *Nature News*, 21 octobre 2013.
4. Organisation mondiale de la santé.
5. Pour plus d'informations sur les taux et les causes du cancer du poumon, rendez-vous sur le site du Disease Control and Prevention, www.cdc.gov.
6. A. Marx, « *The ultimate cigar aficionado* », *Cigar Aficionado,* hiver 1994-1995.
7. Ce en dépit du fait que bon nombre de ces publications étaient abondamment financées par les publicités pour les cigarettes.
8. R. Norr, « *Cancer by the carton* », *The Reader's Digest,* décembre 1952.
9. Pour d'autres chiffres sur la cigarette à travers l'histoire, voir le site www.lung.org.

10. See *It Now*, transcrite à partir d'enregistrements réalisés pour Hill and Knowlton, Inc., émission de CBS-TV diffusée le 7 juin 1955.
11. U.S. Department of Agriculture, « *Tobacco situation and Outlook Report Yearbook; Centers for Disease Control and Prevention* », *National Center for Health Statistics. National Health Survey 1965-2009*, 2007.
12. La transcription entière de l'émission *See It Now* du 7 juin 1955, « *Cigarette and lung cancer* », est disponible en ligne sur le site de la Legacy Tobacco Documents Library, www.legacy.library.ucsf.edu/tid/ppq36b00.
13. Il existe de nombreuses hypothèses concernant les proies dont se nourrissaient les tigres à dents de sabre (qui n'étaient en fait pas des tigres), mais les chercheurs notent qu'ils vivaient au bon endroit et au bon moment pour pouvoir se mettre sous la dent certains de nos ancêtres : L. de Bonis *et al.*, « *New sabre-toothed cats in the Late Miocene of Toros Menalla (Chad)* », *Comptes Rendus Palevol.*, 2010, 9 : 221-227.
14. B. Ramazzini, « *De Morbis Artificum Diatriba* », *American Journal of Public Health*, 2001, *91 : 1380-1382.*
15. T. Lewin, « *Commission sues railroad to end genetic testing in work injury cases* », *The New York Times*, 10 février 2001.
16. P. A. Schulte et G. Lomax, « *Assessment of the scientific basis for genetic testing of railroad workers with carpal tunnel syndrome* », *Journal of Occupational and Environmental Medicine*, 2003, 45 : 592-600.
17. Il s'agissait en général de familles frappées par des maladies rares, ce qui a sans doute facilité la tâche aux chercheurs. Mais l'aisance avec laquelle ils ont accédé à ces résultats n'en est pas moins déconcertante : M. Gymrek *et al.*, « *Identifying personal genomes by surname inference* », *Science*, 2013, 339 : 321-324.
18. J. Smith, « *How social media can help (or hurt) you in your job search* », *Forbes.com*, 16 avril 2013.
19. Aux États-Unis, il existe des restrictions concernant les données génétiques auxquelles les employeurs et les assureurs peuvent avoir accès.
20. En 2012, la Commission présidentielle pour l'étude des questions d'éthique (Presidential Commission for the Study of Bioethical Issues) a rendu un rapport qui préconise l'interdiction des tests

dans de telles conditions, au motif qu'ils portent gravement atteinte à la vie privée : S. Begley, « *Citing privacy concerns, U.S. panel urges end to secret DNA testing* », *Reuters*, 11 octobre 2012.

21. A. Jolie, « *My medical choice* », *The New York Times,* 14 mai 2013.
22. D. Grady *et al.*, « *Jolie's disclosure of preventive mastectomy highlights dilemna* », *The New York Times*, 14 mai 2013.

CHAPITRE 10 : L'ENFANT SUR CATALOGUE

1. « *Wrecksite* » est la plus grande base de données au monde sur les naufrages. Elle donne la localisation de plus de 140 000 épaves et toutes sortes d'informations sur l'activité de ces bateaux : http://www.wrecksite.eu.
2. Voir : I. Donald, « *Apologia: how and why medical sonar developed* », *Annals of the Royal College of Surgeons of England*, 1974, 54 : 132-140.
3. Vous pouvez retrouver cette histoire et bien d'autres informations sur les sous-marins allemands sur le site www.uboat.net.
4. R. Brooks, « *China's biggest problem ? Too many men* », *CNN.com*, 4 mars 2013.
5. Y. Chen *et al.*, « *Prenatal sex selection and missing girls in China: Evidence from the diffusion of diagnostic ultrasound* », *The Journal of Human Resources*, 2013, 48 : 36-70.
6. Il fut un temps aux États-Unis, moins lointain qu'on serait tenté de le croire, où les spécialistes du vêtement conseillaient aux parents d'habiller les garçons en rose et les filles en bleu. Dès les années 1950-1960, cependant, le modèle s'est inversé. Sans l'avènement de l'échographie, il aurait sans doute pu s'inverser à nouveau ou proposer d'autres couleurs, comme c'est le cas dans la mode adulte : J. Paoletti, *Pink and Blue: Telling the Boys from the Girls in America*, Indiana University Press, 2012.
7. Cet exemple s'inspire de rapports publiés et de patients rencontrés au fil de ma carrière. Les noms, les descriptions et les scénarios ont été modifiés.

8. L'index des pathologies de la clinique Mayo présente en détail l'hypospadias et des milliers d'autres affections : http://www.mayoclinic.com/health/DiseasesIndex.
9. Il s'agit peut-être de l'affection autosomique récessive la plus fréquente chez l'être humain. P. W. Speiser *et al.*, « *High frequency of nonclassical steroid 21-hydroxylase deficiency* », *American Journal of Human Genetics*, 1985, 37 : 650-667.
10. Comme sur une horloge, il y a un bras court (désigné par la lettre « p ») et un bras long (désigné par la lettre « q »). Chaque chromosome est composé de bandes agencées de façon spécifique qui lui donnent l'apparence d'un code-barres sous le microscope. C'est à partir de ces motifs uniques que les cytogénéticiens identifient et évaluent l'intégrité et la qualité de nos chromosomes.
11. La méthode présente un inconvénient par rapport au caryotype : on ne peut pas savoir s'il y a une répartition équilibrée du matériel génétique ou au contraire une inversion entre différentes parties du génome (pour reprendre la métaphore de l'encyclopédie, cela correspondrait à une entrée placée au mauvais endroit).
12. Entre autres superstitions, on dit que la présence ou la proximité de *hijras* lors des noces porte chance : N. Harvey, « *India's transgendered – the Hijras* », *New Statesman,* 13 mai 2008.
13. Vous trouverez l'intégrale des enregistrements de Moreschi, de plus ou moins bonne qualité mais néanmoins envoûtants, sur l'album *The Last Castrato* (Opal, 1993).
14. K. J. Min *et al.*, « *The lifespan of Korean eunuchs* », *Current Biology*, 2012, 22 : R792-R793.
15. Souvent attribuée à tort à Ralph Waldo Emerson, la maxime semble plutôt provenir d'un livre publié par un négociant en valeurs mobilières anonyme dont l'identité serait révélée des années plus tard par le *New York Times*. Voir H. Haskins, *Meditations in Wall Street*, William Morrow, New York, 1940.

CHAPITRE 11 : RASSEMBLER LES PIÈCES DU PUZZLE

1. Soit davantage que la population du Texas (National Organization for Rare Disorders).

2. Malgré leur mauvaise réputation, les matières grasses sont indispensables à la plupart des gens. Comme le montre cette étude, le lien entre consommation de lipides et cas de dépression serait plus compliqué qu'on ne l'a d'abord cru, et pourrait dépendre du type de graisses : A. Sánchez-Villegas *et al.*, « *Dietary fat intake and the risk of depression: the SUN project* », *PLOS One*, 2011, 26 : e16268.
3. On parle parfois d'une « épidémie cachée » : D. L. Hoyert et J. Q. Xu, « *Deaths: Preliminary data for 2011* », *National Vital Statistics Reports*, 2012, 61 :1-52.
4. S. C. Nagamani *et al.*, « *Nitric-oxide supplementation for treatment of long-term complications in argininosuccinic aciduria* », *American Journal of Human Genetics*, 2012, 90: 836-846 ; C. Ficicioglu *et al.*, « *Argininosuccinate lyase deficiency: longterm outcome of 13 patients detected by newborn screening* », *Molecular Genetics and Metabolism*, 2009 98: 273-277.
5. A. Williams, « *The Ecuadorian dwarf community "immune to cancer and diabetes" who could hold cure to diseases* », *The Daily Mail*, 3 avril 2013.
6. Le syndrome de Gorlin n'est pas la seule cause de syndactilie. Avoir les orteils palmés n'implique donc pas forcément des risques accrus de cancer de la peau.
7. N. Boutet *et al.*, « *Spectrum of PTCH1 mutations in French patients with Gorlin syndrome* », *The Journal of Investigative Dermatology*, 2003, 121: 478-481.
8. A. Case, C. Paxson, « *Stature and Status: Height, Ability, and Labor Market Outcomes* », *The National Bureau of Economic Research* Working Paper n° 12466, 2006.
9. Pendant longtemps, les Français ont lutté en vain contre l'idée que Napoléon était petit et que sa taille avait joué un rôle dans ses ambitions démesurées. M. Dunan, « La taille de Napoléon », *La Revue de l'Institut Napoléon*, 1963, 89 : 178-179.
10. V. Ayyar, « *History of growth hormone therapy* », *Indian Journal of Endocrinology and Metabolism*, 2011, 15: S162-S165.

INDEX

A

B

C

F

G

H

I

J

K

L

M

N

O

P

R

S

T

V

REMERCIEMENTS

Je suis reconnaissant et redevable aux patients et aux familles qui m'ont autorisé à raconter leur épopée médicale dans les pages de ce livre. J'exprime ma profonde gratitude à tous les professeurs et mentors qui m'ont accompagné, dans le domaine de la médecine et ailleurs. Je remercie tout particulièrement David Chitayat pour son soutien continu et l'enthousiasme qu'il a manifesté dès les premiers balbutiements du projet, qui ont largement contribué à sa réussite finale ; au fil des ans, il a généreusement partagé avec moi sa passion contagieuse pour la dysmorphologie, la génétique et la médecine. Mon agent Richard Abate, de 3 Arts, a cru à ce livre dès le début, et m'a fait comprendre combien il était important de mettre le lecteur « dans la tête d'un généticien ». Le manuscrit a été énormément amélioré grâce aux suggestions et conseils de nombreux lecteurs. Je remercie spécialement le merveilleux éditeur de Grand Central Publishing, Ben Greenberg, dont la perspicacité et la persévérance m'ont aidé à présenter avec clarté des idées et des processus génétiques complexes. Ben a également été l'un des premiers défenseurs d'*Hérédité*, il a joué un rôle crucial en s'assurant que le livre reçoive auprès du public l'accueil qu'il méritait à ses yeux. J'aimerais aussi remercier Drummond Moir, mon éditeur de la maison britannique Scepter, pour ses quelques modifications de dernière minute et ses utiles suggestions, Yasmin Mathew pour son travail méticuleux en tant que responsable de la production, ainsi que Melissa Khan chez

3 Arts, et Pippa White chez Grand Central, qui ont toujours eu une longueur d'avance sur les questions administratives, et ont su transformer en plaisir le respect des délais. Merci également aux responsables de la communication, Matthew Ballast de chez Grand Central et Catherine Whiteside, qui ont tous deux accompli un travail formidable en sensibilisant le public aux questions essentielles que pose le livre. Mon assistant de recherche, Richard Verver, ne cesse de m'étonner par son œil aiguisé et ses efforts opiniâtres pour retrouver les sources originales en dépit des barrières de la langue. Je remercie Alaina deHavillard, de Wailele Estates Kona Coffee House, pour les magistrales infusions qui m'ont aidé à écrire ce livre page après page, et aussi Wally pour son hospitalité et sa maison accueillante qui ont créé l'ambiance idéale pour terminer mon projet. Merci également à Jordan Peterson, qui a consacré beaucoup de temps et d'énergie à apporter des suggestions pour améliorer le style, et bien sûr à Matthew Laplante pour son talent journalistique immense et son sens de l'humour rafraîchissant qui ont magnifié l'ensemble du livre. Enfin, merci à ma famille et à mes amis, pour leur amour infini, leurs encouragements et l'enthousiasme inébranlable dont ils font preuve à chaque nouveau projet.

À PROPOS DE L'AUTEUR

Sharon Moalem est scientifique, médecin et auteur. Ses recherches et ses écrits convoquent la médecine, la génétique, l'histoire et la biologie pour offrir un regard neuf et passionnant sur le fonctionnement du corps humain. Il est également l'auteur des livres *Survival of the Sickest* et *How Sex Works.* Ses ouvrages ont été traduits dans plus de trente langues.

Le docteur Moalem a été rédacteur adjoint de la revue *Journal of Alzheimer Disease*. Son travail scientifique l'a conduit à découvrir la Siderocillin, antibiotique innovant qui cible les micro-organismes multirésistants (super-bactéries). Cofondateur de deux entreprises spécialisées dans les biotechnologies, il a déposé vingt brevets pour des inventions liées aux biotechnologies et à la santé. Ses recherches ont notamment été présentées dans le *New York Times,* le *New Scientist* et le magazine *Time.*

Achevé d'imprimer par Corlet Numérique - 14110 Condé-sur-Noireau
N° d'Imprimeur : 131769 - Dépôt légal : septembre 2016 - *Imprimé en France*